प्राचीन भारत में विज्ञान

प्राचीन भारत में विज्ञान

गुणाकर मुळे

राजकमल प्रकाशन

ISBN : 978-81-267-2271-6

मूल्य : ₹495

पहला संस्करण : 2012
तीसरा संस्करण : 2022

प्रकाशक : राजकमल प्रकाशन प्रा.लि.
1-बी, नेताजी सुभाष मार्ग, दरियागंज
नई दिल्ली-110 002

शाखाएँ : अशोक राजपथ, साइंस कॉलेज के सामने, पटना-800 006
पहली मंजिल, दरबारी बिल्डिंग, महात्मा गांधी मार्ग, प्रयागराज-211 001
36 ए, शेक्सपियर सरणी, कोलकाता-700 017

वेबसाइट : www.rajkamalprakashan.com
ई-मेल : info@rajkamalprakashan.com

मुद्रक : बी.के. ऑफसेट
नवीन शाहदरा, दिल्ली-110 032

PRACHEEN BHARAT MEIN VIGYAN
by Gunakar Muley

प्राक्कथन

भारतीय समाज और संस्कृति के विकास में प्राचीन भारत से ही विज्ञान का महत्वपूर्ण योगदान रहा है। आज से करीब साढ़े चार हजार साल पहले की हड़प्पा संस्कृति मुख्यतः तांबे व कांसे के धातुकर्म और उन्नत कृषिकर्म पर आधारित थी। भारत में स्थापित मगध के प्रथम साम्राज्य की शक्ति उस क्षेत्र में उपलब्ध हुए लौह धातुकर्म के साधनों में निहित थी।

विज्ञान के क्षेत्र में प्राचीन भारत दुनिया का एक उन्नत देश रहा है। हमारे देश में चिकित्सा-विज्ञान के चरक-संहिता और सुश्रुत-संहिता जैसे महान ग्रंथों की रचना हुई। तब वैद्य लोग शव-परीक्षा करते थे, प्लास्टिक-सर्जरी करना भी जानते थे। प्राचीन भारत में महान गणितज्ञ, खगोलविद् हुए। आज सारे संसार में प्रचलित शून्य पर आधारित दशमिक स्थानमान अंक-पद्धति भी भारत की खोज है। प्राचीन भारत के उन्नत धातुकर्म का साक्षात सबूत है, दिल्ली में कुतुबमीनार के निकट खड़ा करीब सोलह सौ साल पुराना लौह-स्तंभ जिस पर अभी तक जंग नहीं लगा। कृषि-कर्म के साधन, वास्तुकला और विविध शिल्प-व्यवसायों के मामलों में भारत किसी समय दुनिया का एक अग्रगण्य देश रहा है।

गुरुकुलों-आश्रमों में रहकर विद्यार्थी योग्य आचार्यों से ज्ञान-विज्ञान की शिक्षा प्राप्त करते थे। तक्षशिला के आसपास कई आश्रम थे जहां आचार्य वेद-वेदांग आयुर्वेद की शिक्षा देते थे और विद्यार्थी दूर-दूर के देशों से शिक्षा ग्रहण करने आते थे।

हमारे देश में नालंदा, विक्रमशिला आदि स्थानों में भव्य विद्यापीठ स्थापित हुए, जहां अपने देश से नहीं, बल्कि विदेशों से विद्यार्थी ज्ञानार्जन के लिए पहुंचते थे। विविध शिल्प व्यवसायों का ज्ञान, कुशल कारीगरों के सान्निध्य में रहकर प्राप्त किया जाता था।

विदेशों के साथ भारत का सदियों तक व्यापार-व्यवसाय चला, उसके साथ विज्ञान का भी खूब आदान-प्रदान हुआ। विदेशी आगमन के साथ, भारत में विज्ञान का भी खूब विकास हुआ।

उन्नीसवीं सदी के उत्तरार्द्ध में भारत में विज्ञान के पुनरुत्थान के नए युग की शुरुआत हुई। देश में कालेज-विश्वविद्यालय खुलने लगे। ज्ञान-विज्ञान के खोज कार्य के लिए संस्थाएं स्थापित हुईं, जैसे प्राणी विज्ञान सर्वेक्षण, मौसम विभाग और वनस्पति विज्ञान सर्वेक्षण आदि संस्थाएं।

हमें अपने देश के प्राचीन स्मारकों, वेधशालाओं और वैज्ञानिक धरोहर को संभालते हुए आगे बढ़ना है।

यह पुस्तक 'प्राचीन भारत में विज्ञान' सभी के लिए उपयोगी होगी। आशा है श्री गुणाकर मुळे की दूसरी कृतियों की तरह इस पुस्तक का भी स्वागत होगा।

—शांति गुणाकर मुळे

अनुक्रम

परिशिष्ट

प्राचीन भारत में विज्ञान

विज्ञान का इतिहास उतना ही पुराना है जितना कि मानव। मानव की भौतिक, आर्थिक एवं सामाजिक अवस्था का और वैज्ञानिक उपलब्धियों का अटूट संबंध रहा है।

आधुनिक अनुसंधानों से जानकारी मिलती है कि आज से करीब दस लाख साल पहले, विकास के अंतर्गत, इस धरती पर आदिम मानव ने जन्म लिया। अफ्रीका, चीन और जावा से उतने पुराने मानव की हड्डियां मिली हैं। उस समय का वह आदिम मानव पत्थरों के हथियारों का इस्तेमाल करता था, आग की खोज कर चुका था और संभवतः भाषा को भी जन्म दे चुका था।

आदिमानव, जो पहली बार हथियार उठाता है

भारत से उतने पुराने आदिम मानव की हड्डियां अभी नहीं मिली हैं। परंतु तीन लाख साल पुराने मानव के पत्थर के औजार मिले हैं। भारत से करोड़ों साल पहले के वानरों की हड्डियां भी मिली हैं।

लंबे समय तक, लाखों साल तक, आदमी पत्थर के

औजारों का इस्तेमाल करता रहा। हम कह सकते हैं कि यह पाषाण युग करीब पांच लाख साल तक चला। आदमी पत्थरों के तरह-तरह के औजार बनाता था। आरंभ में ये औजार भौंड़े होते थे। बाद में सुघड़ और सूक्ष्म औजार बनने लगे। संसार के अनेक स्थलों से पत्थरों के पुराने औजार मिले हैं, इसलिए यह बताना कठिन है कि सबसे पहले किस औजार की खोज कहां पर हुई।

आज से करीब पांच लाख साल पहले का मानव आग की खोज कर चुका था। इस आविष्कार का मानव के विकास में बड़ा महत्व है। आग की खोज होने पर आदमी भूने या पकाये हुए मांस को खाने लगा। जाड़े से अपनी रक्षा करने लगा। उसने गुफाओं से खूंखार जानवरों को भगाया और वहां अपना डेरा डाला। संक्षेप में, आग की खोज ने मानव को अत्यंत बलशाली बनाया और तेजी से विकास की ओर आगे बढ़ाया।

आज से करीब दस हजार साल पहले नवपाषाण युग की शुरुआत हुई। मानव ने कुछ पशुओं को पालतू बनाया, खेती शुरू की, गांव बसाए और पत्थर के अधिक सुघड़ औजार बनाए।

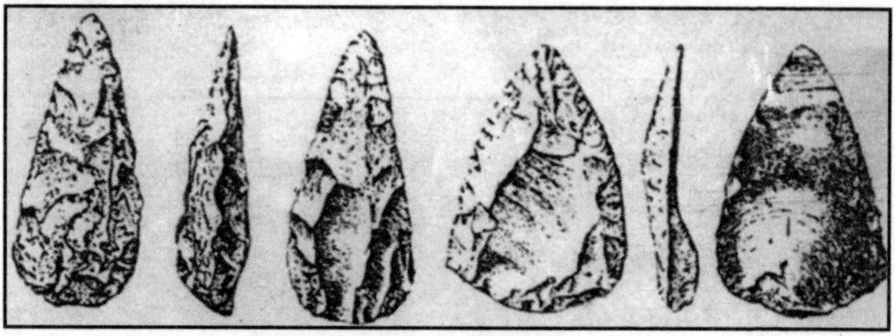

पाषाण युग के पत्थरों के औजार

फिर, आज से करीब छह हजार साल पहले, आदमी ने तांबे की खोज की। उसने तांबे और कांसे के औजार बनाए। तांबे के साथ करीब दस प्रतिशत टीन मिलाने से कांसा बनता है। तांबे और कांसे के औजारों के कारण उत्पादन बढ़ा। तब सभी आदमियों को खेती में लगे रहने की जरूरत नहीं रही। इसलिए अन्य कई पेशे अस्तित्व में आए। बड़ी-बड़ी नदियों के तट पर नगर बसे। पुरोहित-राजाओं का शासन शुरू हुआ। केंद्रीय शासन अस्तित्व में आया, उत्पादन बढ़ा, नगर बसे, तो लिपियों ने जन्म लिया।

अंक-संकेत और अंक-पद्धतियां अस्तित्व में आईं। आकाश के ग्रह-नक्षत्रों की गतियों के आधार पर लंबे समय का हिसाब रखा जाने लगा। पंचांग अस्तित्व में आए।

आज से करीब छह हजार साल पहले मिस्र, मेसोपोटामिया, चीन, भारत आदि देशों में ताम्रयुग की सभ्यताओं का उदय हुआ। भारत की सिंधु सभ्यता ताम्रयुग की ही सभ्यता थी।

सिंधु सभ्यता की वैज्ञानिक उपलब्धियां

सिंधु सभ्यता का उद्‌घाटन 1921-22 ई. में हुआ। सिंधु नदी के तट पर मोहनजोदड़ो और रावी के तट पर हड़प्पा नगर के खंडहरों का उद्‌घाटन हुआ। अब ये दोनों स्थान पाकिस्तान में हैं। भारत-विभाजन के बाद पिछले पच्चीस साल में राजस्थान, पंजाब, गुजरात, पश्चिमी उत्तर-प्रदेश और महाराष्ट्र में इस तथाकथित सिंधु सभ्यता के दर्जनों नए स्थल खोजे गए हैं। इसे 'हड़प्पा संस्कृति' का भी नाम दिया गया है।

प्राप्त पुरावशेषों के आधार पर सिंधु सभ्यता का काल लगभग 2500 ई.पू. से 1500 ई.पू. निश्चित होता है। सिंधु सभ्यता के लोगों की अपनी एक लिपि भी थी। परंतु अभी तक इस लिपि को पढ़ पाना संभव नहीं हुआ है। इसलिए हम यह भी नहीं जानते कि उनकी भाषा कौन-सी थी।

उस समय मिस्र और मेसोपोटामिया में भी विकसित सभ्यताएं थीं। उनके बहुत सारे अभिलेख मिले हैं और उन्हें पढ़ा गया है। इसलिए हमें मिस्र और मेसोपोटामिया के प्राचीन ज्ञान-विज्ञान के बारे में पर्याप्त जानकारी मिलती है। मिस्र और मेसोपोटामिया से तीन-चार हजार साल पुरानी गणित, ज्योतिष और चिकित्सा की पुस्तकें भी मिली हैं। परंतु वैसी सामग्री हमें सिंधु सभ्यता के पुराने स्थलों से नहीं मिली है।

सिंधु सभ्यता के विभिन्न स्थलों से करीब दो हजार मोहरें मिली हैं। इन्हीं मोहरों पर सिंधु लिपि के संकेत उकेरे हुए हैं। विभिन्न प्रकार के करीब तीन सौ संकेत प्राप्त होते हैं, इसलिए यह लिपि वर्णमालात्मक नहीं हो सकती। उस समय की कोई भी लिपि वर्णमालात्मक नहीं थी। सिंधु सभ्यता के अभी तक लंबे अभिलेख नहीं मिले हैं। अन्य प्राप्त पुरावशेषों के आधार पर ही तत्कालीन विज्ञान के बारे में हम थोड़ी जानकारी प्राप्त कर सकते हैं।

सिंधु सभ्यता की मोहरें। इनमें ऊपर दायीं ओर की मुहर के बीच में योगी पशुपति (शिव) की आकृति है।

सिंधु सभ्यता के लोग पत्थर, तांबे और कांसे के औजारों का इस्तेमाल करते थे। उन्हें लोहे के औजारों की जानकारी नहीं थी। वे तांबे और कांसे को ढालना भी जानते थे।

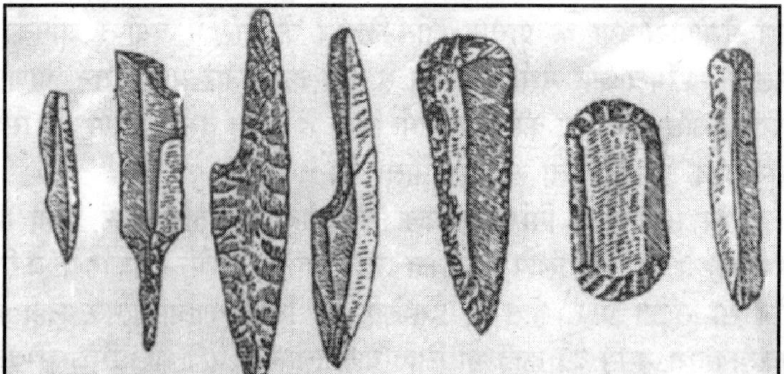

पाषाण युग के अधिक सुघड़ पत्थर, तांबे और कांसे के औजार
इनमें फल, बरमा, तेज किनारे वाली चकती तथा खुरचनियां हैं

मोहनजोदड़ो की सड़कें सीधी और चौड़ी हैं। सड़क के किनारे मोरियां हैं। मकान योजना के अनुसार बने हैं और दुमंजिले होते थे। इन सब बातों से पता चलता है कि सर्वेक्षण-सर्वेइंग का अच्छा ज्ञान था और वे साफ-सफाई पर विशेष ध्यान देते थे। मोहनजोदड़ो से एक विशाल स्नानागर भी मिला है। वे पकाई हुई ईंटों का इस्तेमाल करते थे।

मोहनजोदड़ो और हड़प्पा जैसे नगर संभवतः शासन के केंद्र थे। इन नगरों में बड़े-बड़े धान्य-कुठारों की व्यवस्था की गई थी और यहां संभवतः पुरोहित-राजाओं का शासन चलता था। ऐसे शासन में अवश्य ही अनेक तकनीकों का विकास हुआ होगा। सिंधु सभ्यता के लोग बेबीलोन (मेसोपोटामिया) के साथ व्यापार भी करते थे। लोथल (गुजरात) की खुदाई में उस जमाने की एक गोदी भी मिली है। यह गोदी एक नहर द्वारा भगवा नदी से जोड़ी गई थी और वह नदी अरब सागर में गिरती है।

सिंधु सभ्यता के विभिन्न स्थलों से तराजू और अनेक बांट भी मिले हैं। इन बांटों में एकरूपता है। माप-पट्टियों के खंडित टुकड़े भी मिले हैं। परंतु उनकी अंक-पद्धति के बारे में अभी तक हमें ठोस जानकारी नहीं मिली है। हां, उन्हें अंक-गणित और रेखागणित का अच्छा ज्ञान रहा होगा। उनके पुरोहित-ज्योतिषियों ने आकाश के प्रमुख ग्रह-नक्षत्रों की गतियों को भी पहचाना होगा। परंतु विपुल लिखित सामग्री के अभाव में उनके ज्योतिष और गणित ज्ञान के बारे में हमें विशेष जानकारी नहीं मिलती।

सिंधु सभ्यता के कुछ बांट

इतना निश्चित है कि तत्कालीन मिस्र और मेसोपोटामिया की सभ्यताओं से सिंधु सभ्यता कम विकसित नहीं थी। सिंधु सभ्यता के लोग उनके बाद के आए लोगों से कई बातों में निश्चय ही आगे थे। आर्य लोगों ने निश्चय ही सिंधु सभ्यता की अनेक बातों को अपनाया होगा।

वैदिक विज्ञान

ईसा पूर्व दूसरी सहस्राब्दि के मध्यकाल में सिंधु सभ्यता अवनति की ओर अग्रसर होती है और लगभग उसी समय आर्यभाषी लोग भारत में पहुंचते हैं। आर्य लोग ज्ञान-विज्ञान के मामले में सिंधु सभ्यतावालों से उन्नत नहीं थे, फिर भी भारत में अपना वर्चस्व स्थापित करने में उन्हें सफलता मिली। आर्य लोग वस्तुतः खानाबदोश थे, पशुपालक थे। घोड़ा उनका मुख्य वाहन था। बाद में उन्होंने लोहे के औजार भी बनाए।

खानाबदोश और पिछड़े हुए होने पर भी आर्यों को भारत में अपना प्रभुत्व स्थापित करने में सफलता मिली, तो इसमें आश्चर्य की कोई बात नहीं है। ईसा की तेरहवीं सदी में खानाबदोश मंगोलों ने भी इसी प्रकार एशिया की विकसित सभ्यताओं को रौंद डाला था। उनके कोई ढाई हजार साल पहले आर्यों ने भी लगभग वैसा ही किया होगा।

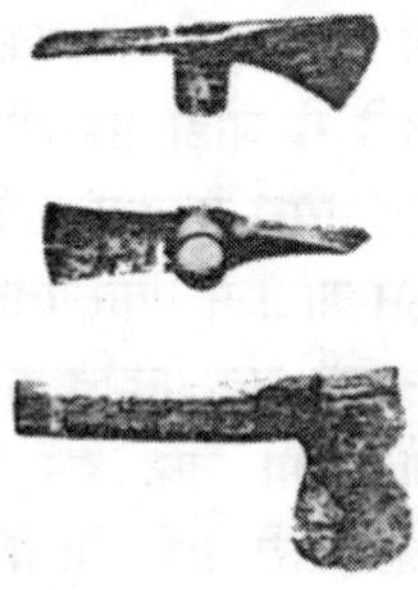

लोहे के औजार

भारत में आकर बसे हुए इन आर्यों का आरंभिक साहित्य आज उपलब्ध है। इस वैदिक साहित्य—वेद, ब्राह्मण-ग्रंथ, वेदांग आदि—के आधार पर तत्कालीन वैज्ञानिक उपलब्धियों के बारे में जानकारी प्राप्त की जा सकती है। इसमें कुछ कठिनाइयां भी हैं।

आजकल की हिंदू जनता की वैदिक साहित्य के प्रति अगाध श्रद्धा है, इसलिए अनेक पंडित वेदों में ज्ञान-विज्ञान की सभी बातें खोजने की कोशिश करते हैं। परंतु हमें स्मरण रखना चाहिए कि वेद एक निश्चित काल की कृतियां हैं और उस समाज का साहित्य है जो पशुपालक था, कृषि करता था, गांवों में रहता था और कबीलाई अवस्था से राजप्रथा में पहुंचने जा रहा था। आगे हमने 'वेदों में विज्ञान' की कुछ विस्तृत चर्चा की है।

वैज्ञानिक साहित्य

प्रायः सभी प्राचीन सभ्यताओं में धर्म-कर्म और ज्ञान-विज्ञान का घनिष्ठ संबंध रहा है। धर्म के अंतर्गत और पुरोहितों की देखरेख में विज्ञान और

तकनीकों का विकास हुआ है। इसलिए प्राचीन काल के विज्ञान की अधिकांश जानकारी हमें धर्म से संबंधित ग्रंथों में मिलती है।

हमारे देश में लंबे समय तक विज्ञान अपने को धर्म से जुदा नहीं कर पाया। वेदों का अध्ययन सुगम बनाने के लिए हमारे देश में वेदांग-साहित्य की रचना हुई थी। अतः वेदांग-ज्योतिष की रचना भी धर्म-कर्म की आवश्यकता के लिए ही हुई। शुल्वसूत्रों के रेखागणित की रचना वेदियों के निर्माण के लिए हुई थी।

प्राचीन भारत का अधिकांश वैज्ञानिक साहित्य संस्कृत भाषा में है। बौद्धों का साहित्य पालि-प्राकृत में है और उसमें भी तत्कालीन विज्ञान के बारे में कुछ जानकारी मिलती है।

प्राचीन भारत के साहित्य की सबसे बड़ी कठिनाई है—काल-निर्धारण। अनेक ग्रंथ उपलब्ध हैं, परंतु हम नहीं जानते कि उनकी रचना कब हुई। कुछ लोग वेदों को लाखों साल पहले की रचनाएं मानते हैं, तो कुछ विद्वान उन्हें 1000 ई.पू. के पहले की रचनाएं मानने के लिए तैयार नहीं है। वेदांग-ज्योतिष के रचना-काल के बारे में भी निश्चित रूप से कुछ नहीं कहा जा सकता।

चरक-संहिता और सुश्रुत-संहिता आयुर्वेद के प्रसिद्ध ग्रंथ हैं। लोग समझते हैं कि ये चरक और सुश्रुत नामक चिकित्सकों की रचनाएं हैं। पर बात ऐसी नहीं हैं। इन ग्रंथों में सदियों के चिकित्सा-ज्ञान का संयोजन हुआ है और इनकी रचना में एक से अधिक चिकित्सकों ने योग दिया है। इनके रचना-काल या रचयिताओं के बारे में भी हमें ठोस जानकारी नहीं मिलती। अनुमानतः हम यही कह सकते हैं कि चरक-संहिता की रचना ईसा की पहली-दूसरी सदी में हुई और सुश्रुत-संहिता की ईसा की तीसरी-चौथी सदी में।

ईसा की पांचवीं सदी के पहले के किसी भी भारतीय गणितज्ञ या ज्योतिषी के जीवन के बारे में हमें प्रामाणिक जानकारी नहीं मिलती। बौधायन-शुल्वसूत्र, कात्यायन-शुल्वसूत्र आदि नामों से प्रसिद्ध सूत्रग्रंथों के रचयिता बौधायन, कात्यायन आदि पंडित रहे होंगे, इसलिए हम इन्हें उस जमाने के रेखागणितज्ञ मान सकते हैं। महात्मा लगध को वेदांग-ज्योतिष का रचयिता माना जाता है। परंतु लगध, बौधायन और

कात्यायन ठीक कहां और किस सदी में हुए, इसके बारे में हमें कोई जानकारी नहीं मिलती।

हमारे यहां प्राचीन भारत के वाङ्मय को दो भागों में बांटने की परंपरा रही है—पौरुषेय और अपौरुषेय। जिन ग्रंथों के रचयिताओं के बारे में स्पष्ट जानकारी मिलती है उन्हें पौरुषेय माना गया और जिन ग्रंथों के रचयिताओं के बारे में स्पष्ट जानकारी नहीं मिलती उन्हें अपौरुषेय। कोई ग्रंथ आसमान से नहीं टपका है इसलिए अपौरुषेय ग्रंथों को किसी ईश्वर की कृतियां मानने की जरूरत नहीं है।

भारतीय विज्ञान का पहला ग्रंथ, जिसके रचयिता एवं रचना-काल के बारे में हमें कुछ प्रामाणिक जानकारी मिलती है, आर्यभटीय है। महान गणित-ज्योतिषी आर्यभट ने 23 साल की अल्पायु में 499 ई. में इस ग्रंथ की रचना की थी। आर्यभट का निवास कुसुमपुर में था। परंतु यह कुसुमपुर आधुनिक पटना शहर है या भारत का अन्य कोई शहर, इसके बारे में अभी निर्णय नहीं हो पाया है।

आर्यभटीय एक वैज्ञानिक ग्रंथ है। इस छोटे से ग्रंथ (लगभग 120 श्लोक) में आर्यभट ने उस समय तक ज्ञात गणित एवं ज्योतिष की सारी बातें रख दी हैं। इसमें कुछ नई बातें भी हैं। नई अक्षरांश-पद्धति है। त्रिकोणमिति की नई विधियां हैं। वृत्त की परिधि और व्यास के अनुपात का अधिक सूक्ष्म मान (ग=3.1416) दिया है। ग्रहणों के असली कारण दिए हैं और राहु-केतु की काल्पनिकता बतलाई है। आर्यभट ने भू भ्रमण का भी उल्लेख किया है।

आर्यभट के बाद हमारे देश में वराहमिहिर, ब्रह्मगुप्त, अपिति, महावीर आदि गणितज्ञ एवं ज्योतिषी हुए। इनके ग्रंथ भी मिलते हैं। इनमें वराहमिहिर (छठी सदी ई.) के ग्रंथों को अधिक प्रसिद्धि मिली। कारण यह है कि फलित-ज्योतिषी के पेशे के लिए उनके ग्रंथ लाभप्रद है। वराह का बृहत्संहिता ग्रंथ अपने समय का एक ज्ञानकोश ही है।

भास्कराचार्य के समय (1150 ई.) तक हमारे देश में प्राचीन परंपरा के गणित-ज्योतिष का विकास होता रहा। इस बीच भारतीय विज्ञान पश्चिमी एशिया के देशों में और तदनंतर यूरोप में पहुंच चुका था। पर हमारे देश में उसका विकास रुक गया था। भास्कराचार्य के समय तक

अभी हमारा देश गणित और ज्योतिष में अन्य किसी भी देश से पीछे नहीं था। भास्कर ने अपने "सिद्धांत-शिरोमणि" में अनंत और शून्य के गणित की चर्चा की है। परंतु भास्कर के बाद हमारे देश में चोटी का कोई गणितज्ञ या ज्योतिषी नहीं हुआ। हां, उनके बाद बहुत सारे पुराने ग्रंथों पर टीकाएं अवश्य लिखी गईं। सोलहवीं से अठारहवीं सदी के बीच केरल में कुछ ऐसे गणितज्ञ हुए जिनके टीका-ग्रंथों में हमें कुछ नई बातें देखने को मिलती हैं, परंतु उस समय तक यूरोप का गणित बहुत आगे बढ़ चुका था।

बहुत-से लोग इस गलतफ़हमी में है कि तथाकथित विदेशी शासन के कारण हमारे देश में ज्ञान-विज्ञान की अवनति हुई। परंतु यह गलत ख्याल है। हमारे देश में गुप्तकाल से ही रूढ़िवादिता शुरू होती है। ईसा की नौवीं सदी में शंकराचार्य ने भौतिक-जगत को माया करार दिया तो फिर कौन भला इस जगत के भौतिक गुणधर्मों की खोज में माथापच्ची करेगा?

और एक बात। जब तक पुरानी मान्यताओं का खंडन-मंडन करने की आजादी रही, तब तक विज्ञान का विकास होता रहा। लेकिन जब से पुरातन पर प्रश्नचिह्न लगाने पर रोक लगा दी गई तब से विज्ञान का प्रवाह रुक गया। हमारे देश में आठवीं-नौंवी सदी से ही रूढ़िवादिता जोर पकड़ती है। प्रख्यात चिकित्सक वाग्भट के ग्रंथों के अध्ययन से यह बात स्पष्ट हो जाती है।

ईसा की आठवीं-नौवीं सदियों में विज्ञान के अनेक भारतीय ग्रंथों का अरबी में अनुवाद हुआ था। अरबों ने भारतीय व यूनानी विज्ञान के आधार पर अपने विज्ञान की नींव डाली और इसे विकसित किया। कई सदियों तक अरबी विद्वान भारतीय एवं यूनानी विज्ञान के संरक्षक रहे। ईसा की दसवीं-ग्यारहवीं सदी से पुनः अरबी ग्रंथों का लैटिन में अनुवाद होने लगा। यूरोप में पुनर्जागरण हुआ।

अंत में अरबी विज्ञान ने भारतीय विज्ञान को भी प्रभावित किया। ईसा की दसवीं सदी के बाद मध्य एशिया में अरबी ज्ञान-विज्ञान का प्रचार-प्रसार हुआ था। तब मध्य एशिया के वैज्ञानिक भारतीय पंडितों से पीछे नहीं थे। भास्कराचार्य के कोई सौ साल पहले के अलबेरुनी के ग्रंथ को पढ़ने से ही यह बात स्पष्ट हो जाती है।

अलबेरुनी

अलबेरुनी एक महान ज्योतिषी थे। फिर समरकंद के शासक उलूगबेग (1964-1449 ई.) एक महान ज्योतिषी हुए। हम उन्हें अपने समय का संसार का सबसे बड़ा ज्योतिषी मान सकते हैं। उनकी हत्या के कोई पच्चीस साल बाद ही यूरोप में कौपर्निक्स का जन्म हुआ था।

भारत के तुर्क, अफगान और मुगल शासक ज्ञान-विज्ञान के शौकीन थे। अंतर केवल इतना ही आया कि उनके समय में शासन की भाषा अरबी-फारसी रही। लेकिन यह समझना गलत होगा कि सारे देश में अरबी-फारसी का राज्य था। भारत में उस समय ऐसे अनेक राज्य थे जिनमें संस्कृत को आश्रय प्राप्त था।

ईसा की अठारहवीं सदी के प्रथम चरण में आमेर-जयपुर के महाराजा जयसिंह ने उत्तर भारत के पांच नगरों में वेधशालाएं (जंतर-मंतर) स्थापित कीं। ये वेधशालाएं समरकंद की वेधशाला के आधार पर बनाई गई थीं। परंतु असलियत यह है कि इन विशाल ज्योतिष-यंत्रों से अब नया कुछ खोज पाना संभव नहीं था। यूरोप में नए ज्योतिष-गणित, सूक्ष्म ज्योतिष-यंत्र और दूरबीन का आविष्कार हो चुका था।

प्राचीन भारत में विज्ञान के अनेक विषयों पर ग्रंथ लिखे गए थे। अनेक ग्रंथ नष्ट हो गए हैं। जो बचे हैं उनके रचना-काल एवं रचयिताओं के बारे में हमें स्पष्ट जानकारी नहीं मिलती। इसलिए प्राचीन भारत के विज्ञान के बारे में जानकारी देने में बड़ी कठिनाई होती है।

भौतिकी एक नया विज्ञान है। जिस प्रकार प्राचीन यूनान में देमोक्रितु जैसे वैज्ञानिकों ने परमाणु की कल्पना की थी, उसी प्रकार भारत में वैशेषिक दर्शन के प्रणेता कणाद मुनि ने भी द्रव्य की इकाई के रूप में परमाणु की कल्पना की थी। परंतु आज जिस परमाणु का उद्घाटन हुआ है, उसकी कणाद को तनिक भी कल्पना नहीं हो सकती।

रसायन पुराना विज्ञान है। औषधि-विज्ञान के साथ-साथ रसायन का विकास हुआ था। मध्ययुग में–ईसा की आठवीं सदी के आगे–कृत्रिम सोना तथा 'अमृत' की खोज के प्रयोग होने लगे, तो उनके साथ-साथ अनेक रसायनिक विधियों की खोज हुई। बौद्ध सिद्धों ने रसायन के विकास में बड़ा

योग दिया है। नागार्जुन महान रसायनयज्ञ के रूप में प्रसिद्ध है, परंतु उनके समय या जीवन के बारे में हमें प्रामाणिक जानकारी नहीं मिलती। रसायन-विद्या के अनेक ग्रंथ उपलब्ध हैं।

प्राचीन भारत में 'धातुकर्म' का खूब विकास हुआ था। तांबे, कांसे और अष्टधातु की अनेक मूर्तियां मिली हैं। मेहरौली (दिल्ली) का लौह-स्तंभ प्राचीन भारत के विकसित धातुकर्म का ज्वलंत उदाहरण है। इस लौह-स्तंभ के बारे में आर्थिक जानकारी हमने आगे एक स्वतंत्र प्रकरण में दी है।

प्राचीन भारत में आयुर्वेद का खूब विकास हुआ था। सुश्रुत-संहिता मुख्यतः शल्य-चिकित्सा का ग्रंथ है। इस ग्रंथ में नाक, कान और ओंठ की प्लास्टिक सर्जरी के बारे में भी जानकारी दी गई है। यह विद्या भारत में सदैव जीवित रही। यूरोप के डॉक्टरों को प्लास्टिक सर्जरी की जानकारी भारत से ही मिली है।

प्राचीन भारत में पशु-चिकित्सा पर भी कुछ ग्रंथ लिखे गए थे। हाथी और घोड़े की चिकित्सा पर लिखे गए कुछ ग्रंथ आज भी उपलब्ध हैं। बहुत-से ग्रंथ नष्ट हो गए हैं।

वनस्पति-विज्ञान पर भी कुछ ग्रंथों की रचना हुई थी। उपवन-विनोद जैसे कुछ ग्रंथ आज भी उपलब्ध हैं।

किसी समय विज्ञान के विविध अंगों और शिल्पों के बारे में अनेक ग्रंथ उपलब्ध रहे होंगे, परंतु अब बहुत-से ग्रंथ लुप्त हो गए हैं। जो उपलब्ध हैं, उनकी खोज नए सिरे से हुई है। इनकी खोज में यूरोप के विद्वानों ने बड़ा सहयोग दिया है।

विज्ञान से संबंधित प्राचीन भारत का सारा साहित्य अभी प्रकाशित नहीं हुआ है। काफ़ी साहित्य अभी हस्तलिपियों के रूप में संग्रहालयों में सुरक्षित है। यह साहित्य संस्कृत में है, पालि-प्राकृत में है, अरबी-फारसी में है। प्रयत्न करने पर अब भी नए ग्रंथ प्रकाश में आ सकते हैं।

आदान-प्रदान

कुछ लोग समझते हैं कि प्राचीन भारत ज्ञान-विज्ञान में सबसे बढ़ा-चढ़ा था और भारत ने ही सारी दुनिया को ज्ञान-विज्ञान के पाठ पढ़ाए हैं। परंतु ये

संकुचित विचार है। दुनिया के अनेक देश विज्ञान के अनेक उपांगों में भारत से आगे थे। हमारे देश में वेदों की रचना होने के कम-से-कम हजार साल पहले मिस्र और मेसोपोटामिया में गणित और चिकित्सा के स्वतंत्र ग्रंथ लिखे जा चुके थे।

यूनान भी विज्ञान की कई बातों में भारत से आगे था। यूक्लिड की ज्यामिति जैसा ग्रंथ किसी भी अन्य देश में नहीं लिखा गया।

समय-समय पर भारत में अनेक कौमें आईं। शक आए, पार्थव-प्रहव आए, यूनानी आए, कुषाण आए। बाद में मध्य एशिया के तुर्क, अफगान और मंगोल भी आए। ये सभी अपने साथ नया ज्ञान लाए।

इसमें संदेह नहीं कि यूनानियों से भारतवासियों ने अनेक बातें सीखी हैं। भारतीय ज्योतिष पर पाश्चात्य ज्योतिष का प्रभाव स्पष्ट है। पाश्चात्य ज्योतिष के प्रभाव में हमारे देश में नए सिद्धांतों की रचना हुई। ज्योतिष के अनेक यूनानी शब्दों को अपनाया गया। वराहमिहिर ने भी यूनानी ज्योतिष की श्रेष्ठता को स्वीकार किया है।

ज्ञान-विज्ञान का आदान-प्रदान हुए बिना उसका विकास हो ही नहीं सकता। भारत ने दूसरे देशों से लिया है, तो दूसरों को काफ़ी दिया भी है। आज सारे संसार में प्रचलित दशमिक स्थानमान अंक-पद्धति भारत की ही देन है। इतना ही नहीं, 0, 1, 2, 3, 4, 5, 6, 7, 8, 9 अंक-संकेत भी मूलतः भारत की ब्राह्मी अंक-संकेत हैं।

अरबों ने बड़े आदर के साथ भारतीय ज्ञान को अपनाया था और इसका यूरोप के देशों में प्रचार-प्रसार किया। यूरोप के गणितज्ञ भी स्वीकार करते हैं कि आधुनिक गणित की अनेक विधियां मूलतः भारत में खोजी गई थीं। यूरोप वालों ने भारत से और भी कई तकनीक सीखे हैं। आज हमें पुनः दूसरों से सीखना पड़ रहा है। इस प्रकार का आदान-प्रदान चलता ही रहता है।

वेदों में विज्ञान

आज से करीब साढ़े तीन हजार साल पहले की बात है। भारत में आर्य लोगों की कई टोलियां आईं। अनेक विद्वानों का मत है कि ये आर्य लोग मूलतः मध्य एशिया के निवासी थे। वहीं से ये लोग पश्चिमी एशिया, ईरान और भारत में फैले।

भारत में पहुंचे हुए इन आर्यभाषी लोगों का पहला पड़ाव अफ़गानिस्तान और पंजाब में रहा। इनकी कुछ टोलियां ईरान में भी बस गई थीं। उस समय ये आर्यभाषी लोग कबीलाई अवस्था में थे। उनकी संस्कृति को घुमन्तू संस्कृति कहना बेहतर होगा। सिंधु सभ्यता उनसे अधिक उन्नत थी।

अपने को आर्य कहने वाले ये नए लोग पशुपालक थे। उनका मुख्य वाहन था घोड़ा। द्रुतगामी घोड़े के बल पर ही उन्होंने भारत में अपने लिए स्थान प्राप्त किया था। धीरे-धीरे वे गंगा-यमुना की उपजाऊ दोआब में फैल गए।

सिंधु सभ्यता ताम्रयुग की सभ्यता थी। उनके सभी औजार पत्थर, तांबे या कांसे के होते थे। सिंधु सभ्यतावालों को लोहे का ज्ञान नहीं था। लोहे की खोज 1500 ई.पू. के आसपास हुई। जानकारी मिलती है कि सबसे पहले काकेशस पर्वतमाला में बसे हुए लोगों ने लोहा तैयार किया था। तदनंतर पश्चिमी एशिया के हिती लोगों को लोहे की जानकारी मिली। लेकिन आरंभ में लोहे को प्राप्त करने में बड़ी कठिनाइयां थीं।

आर्य लोग मध्य एशिया से आए थे, इसलिए उन्हें लोहे के बारे में थोड़ी जानकारी रही होगी। परंतु उन्होंने लोहे के औजार बनाए भारत में स्थायी होने के बाद ही। 1000 ई.पू. के बाद से भारत में लोहे की पुरानी वस्तुएं मिलने लग जाती हैं।

आर्य लोग मूर्तिपूजक नहीं थे। वे यज्ञ करते थे। उनके पुरोहित इन यज्ञों में अपने देवताओं का आह्वान करते थे। उनके पुरोहित-कवि इन देवताओं की स्तुति में पद्य रचते थे। आरंभ में ये पद्य कंठस्थ ही रखे गए। बाद में कई पुरोहित-कवियों (ऋषियों) के ऐसे पद्यों का संकलन हुआ। इन्हें ही हम वेद कहते हैं।

वेद चार हैं–ऋग्वेद, यजुर्वेद, सामवेद और अथर्ववेद। वेद भारत में पहुंचकर स्थायी हुए आर्यभाषी लोगों का सबसे पुराना साहित्य है। इनकी भाषा संस्कृत से कुछ भिन्न और अधिक प्राचीन है। लेकिन वेदों की भाषा उस समय के आम आर्य जनों की भाषा नहीं हो सकती। कवियों की भाषा आम जनता की भाषा से कुछ परिष्कृत होती है। वेदों की भाषा का तुलनात्मक अध्ययन करने से भी पता चलता है कि वेद करीब साढ़े तीन हजार साल से अधिक प्राचीन नहीं है।

वेदों में हमें नवागत आर्यों के जीवन के बारे में काफ़ी जानकारी मिलती है। चार वेदों में ऋग्वेद सबसे प्राचीन माना जाता है। अथर्ववेद की रचना उस समय हुई जब आर्यों और आर्येतरों का काफ़ी मिश्रण हो चुका था। अथर्ववेद में आम जनता के विश्वासों के बारे में अधिक जानकारी मिलती है। इसमें तत्कालीन चिकित्सा के बारे में भी जानकारी मिलती है।

आर्यों के पहले के भारतवासी–सिंधु सभ्यता के लोग–कई बातों में आर्यभाषियों से आगे थे। इसलिए नवागत आर्यों ने उनकी अनेक बातों को अपनाया होगा। इसकी कुछ जानकारी वेदों में मिल जाती है।

हमारे देश में आम जनता को वेदों के बारे में बड़ी गलतफहमियां है। सदियों तक समाज का एक वर्ग ही वेदों के पठन-पाठन का अधिकारी था, इसलिए भी वेदों के बारे में अनेक गलत-सलत बातें रूढ़ हो गईं। परंतु अब वह स्थिति नहीं रही। अब वेदों के अनुवाद आधुनिक भाषाओं में भी उपलब्ध हैं।

कुछ लोग अब भी मानते हैं कि वेद ज्ञान-विज्ञान के अक्षय भंडार हैं। परंतु इनमें उतना ही ज्ञान-विज्ञान है जितना कि आज से साढ़े तीन हजार साल पहले के मानव-समाज ने खोजा था। आगे की पंक्तियों में हम वैदिक-कालीन वैज्ञानिक उपलब्धियों की संक्षिप्त जानकारी दे रहे हैं।

लिपि

वैदिक काल की अपनी कोई लिपि थी, यह कहने के लिए हमें न तो वेदों से कोई प्रमाण मिलते हैं, न पुरातत्व से। वेदों को 'श्रुति' इसीलिए कहा जाता है कि इन्हें सुन-सुन कर याद रखने की शुरू से ही परंपरा रही है। वेदों से अधिक पुरानी सिंधु सभ्यता की उत्कीर्ण मोहरें हमारे सामने हैं, पर अभी तक सिंधु लिपि का उद्घाटन नहीं हुआ है। ब्राह्मी लिपि के प्राचीनतम नमूने हैं सम्राट अशोक (272-232 ई. पू.) के शिलालेख। अशोक के पहले का ब्राह्मी का कोई निर्विवाद लेख अभी तक नहीं मिला है।

भारत में नवागत आर्यों की अपनी कोई लिपि नहीं थी, यह बात अन्य प्रमाणों से भी सिद्ध होती है। आर्यों के भाई-बन्धु ईरान में स्थायी हो गए, तो उन्होंने पहली बार ई.पू. सातवीं शताब्दी में बेबीलोनी कीलाक्षरों के आधार पर अपनी प्राचीन पारसी भाषा के लिए एक लिपि को जन्म दिया था। उधर आर्यों की दूसरी शाखा—यूनानियों—के पास भी आरंभ में अपनी कोई लिपि नहीं थी। ई.पू. दूसरी सहस्राब्दि के मध्यकाल में उन्होंने क्रीट द्वीप की **रेखिक-अ** लिपि के आधार पर अपनी भाषा के लिए एक नई लिपि बना ली थी। लगभग उसी काल में पश्चिम एशिया के **मित्तानी** आर्यों के पास भी अपनी कोई लिपि नहीं थी। उन्होंने अपनी भाषा के लिए सेमेटिक भाषा के कीलाक्षरों को अपनाया था। अतः भारतीय आर्यों के पास अपनी कोई लिपि न रही हो, तो इसमें आश्चर्य की कोई बात नहीं हैं।

गणित

वैदिक आर्यों को सरल-से अंक-संकेतों का ज्ञान अवश्य रहा होगा। खड़ी या आड़ी रेखाएं खींचकर संख्याओं को व्यक्त करने के उदाहरण प्रायः हर आदिम-समाज में देखने को मिलते हैं। आर्यों की मुख्य संपत्ति थे पशु। पहचान के लिए वे पशु के शरीर पर अंकों के निशान बनाते थे। ऋग्वेद में **'सहस्र में ददतो अष्टकर्णः'** अर्थात् 'मुझे ऐसी हजार (गायें) दो जिनके कानों में 8 लिखा हो' जैसे उदाहरण मिलते हैं। इनसे पता चलता है कि वैदिक आर्य छोटी-मोटी संख्याओं को अंक-संकेतों से व्यक्त करते होंगे। पर

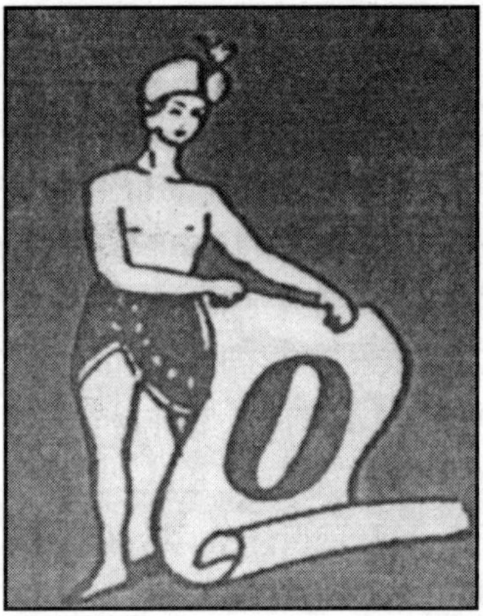

वे अंक-संकेत ठीक किस प्रकार के थे, इसके बारे में हमें कोई जानकारी नहीं मिलती।

हमारे दोनों हाथों की उंगलियां दस हैं, इसीलिए गणना की दशगुणोत्तर अंक-पद्धति अस्तित्व में आई। हमारे देश में शुरू से ही इस दशगुणोत्तर पद्धति का अस्तित्व देखने को मिलता है। ऋग्वेद में जिस सबसे बड़ी संख्या इकाई के लिए नाम मिलता है वह है **अयुत** (10,000)। इसी के मेल-जोल से बड़ी संख्याएं व्यक्त की जाती होंगी। वहां **लक्ष, कोटि** आदि शब्दों का कोई उल्लेख नहीं मिलता। 60,000 को 'षष्टिः सहस्र' कहा गया है। ऋग्वेद में पाई जानेवाली सबसे बड़ी संख्या है 60,097 (षष्टि सहस्र नवतिं नव)

ऋग्वैदिक काल में बीजगणित या ज्यामिति की कोई खास जरूरत नहीं थी। इसीलिए इनके उल्लेख वेदों में नहीं मिलते। बाद में यज्ञ की वेदियों के आकार-प्रकार के बारे में बहुत-से नियम बने तो रेखागणित का अध्ययन शुरू हुआ था। यह आरंभिक ज्यामिति **शुल्वसूत्रों** में देखने को मिलती है।

वैदिक आर्यों को शून्य तथा इस पर आधारित स्थानमान अंक-पद्धति का भी ज्ञान नहीं था। ईसा की छठी सदी तक हमारे देश में शून्य पर आधारित स्थानमान अंक-पद्धति के दर्शन नहीं होते। स्मरण रहे कि गणित के क्षेत्र में भारत का यही सबसे बड़ा आविष्कार है और विज्ञान के क्षेत्र में भारत की संसार को यही सबसे बड़ी देन है।

ज्योतिष

ज्योतिष की शब्दावली के बारे में वैदिक साहित्य काफ़ी धनी है। वेदों के खगोलीय उल्लेखों के आधार पर बहुत-से विद्वानों ने वेदों का काल तथा आर्यों के मूल स्थान के बारे में कई प्रकार की अटकलें लगाई हैं। पर वैदिक ऋषियों का आकाश-ज्ञान अधूरा नहीं था, यह मानने के लिए हमारे पास

भारतीय राशिचक्र : बाहरी वृत्त में विदेशी मूल की 12 राशियां मेष से आरंभ होती हैं और मीन पर समाप्त होती हैं। बीच के वृत्त में राहु-केतु सहित नौ 'ग्रह' हैं। केंद्र भाग में चार प्रमुख दिशाओं सहित पौराणिक 'मेरु' पर्वत को दिखा गया है।

कोई सबूत नहीं है। आकाशीय पिंडों की गतिविधि के बारे में हजारों वर्षों से जानकारी जमा होती आ रही थी। वेदों में किसी ज्योतिष-यंत्र का उल्लेख नहीं मिलता। मानवीं आंखों से आकाश की जितनी ज्योतियों को देखा जा सकता है, वैदिक ऋषि भी उतनी ही आकाशीय ज्योतियों का ज्ञान रखते थे। उनकी 'दिव्यदृष्टि' कितनी 'पावरफुल' थी, इसे **कृत्तिका नक्षत्र-पुंज** का उदाहरण लेकर जाना जा सकता है। वैदिक ऋषियों (तैत्तिरीय-संहिता) को कृत्तिका के पुंज में केवल सात तारे दिखाई देते थे और उन्होंने इन सात

तारों के नाम भी दिए हैं। यूनानी ज्योतिषियों ने भी इस पुंज में सात ही तारे देखे थे। आज भी सामान्य दृष्टिवाले किसी व्यक्ति को इस पुंज में छह-सात ही तारे दिखाई देते हैं। किसी को यदि एक-दो तारे अधिक दिखाई दें, तो समझ लीजिए कि उसकी दृष्टि असाधारण है। पर गैलीलियो ने 1810 ई. में अपनी दूरबीन से इस कृत्तिका पुंज में लगभग 30 तारे देखे थे, और आज की दूरबीनें इस पुंज में 300 से भी अधिक तारे देखने में समर्थ हैं।

वैदिक ऋषियों को सौर-मंडल के यूरेनस, नेपच्यून तथा प्लूटो ग्रहों का ज्ञान होने का सवाल ही नहीं उठता। केवल दूरबीन से ही इन ग्रहों को देखा जा सकता है। प्लूटो ग्रह की खोज 1930 ई. में हुई है।

आकाश साफ़ रहने पर कभी-कभी देवयानी (एन्ड्रोमेडा) मन्दाकिनी आंखों से भी दिखाई देती है। ब्रह्मांड की करोड़ों मंदाकिनियों में यही हमसे अधिक निकट है। पर वैदिक ऋषियों की आंखें इसे भी नहीं देख पाईं, शेष करोड़ों मंदाकिनियों की बात तो बहुत दूर रही।

वैदिक ऋषियों को चन्द्र, सूर्य तथा कुछ प्रमुख तारों की गतिविधि का काफ़ी अच्छा ज्ञान था। उनकी काल-गणना चांद्र-मासों पर आधारित थी। पर सूरज, चांद और सितारों की दूरियों के बारे में उन्हें सही ज्ञान नहीं था, हो भी नहीं सकता था। आधुनिक गणित व ज्योतिष-यंत्रों की सहायता से ही इनकी सही दूरियां मालूम की गईं हैं। वैदिक ऋषि चांद का निवास-स्थान नक्षत्र-लोक में मानते थे, अर्थात् वे चंद्र को सूर्य से परे मानते थे, ऋग्वेद में सात दिनों का कोई उल्लेख नहीं मिलता। हां, बारह महीनों का उल्लेख है। कुछ ऋतुओं और कुछ नक्षत्रों के भी नाम मिलते हैं।

विश्व की उत्पत्ति के बारे में प्रायः हर आदिम-समाज में कोई न कोई आख्यायिका जरूर मिलती है। ऋग्वेद में क्रमानुसार असत्, सत्, दिशाएं, उत्तानपद, पृथ्वी, आशाएं, अदिति, दक्ष तथा देवों की उत्पत्ति की बात कही गई है। पर अन्यत्र ऋग्वेद का एक ऋषि कहता है कि जगदुत्पत्ति के कारण को कोई नहीं जानता। परमेश्वर भी नहीं जानता, क्योंकि वह भी बाद में पैदा हुआ। स्मरण रहे कि ऋग्वेद के ऋषियों का विश्व पृथ्वी के केवल दस गुना बड़ा था। (यदिन्विन्द्र पृथिवी दश-भुजिरहानि विश्वा...)।

चिकित्सा

रोग उतने ही पुराने हैं जितना कि मनुष्य। आदिम-समाजों में भी जड़ी-बूटियों तथा प्राकृतिक इलाजों का अच्छा ज्ञान देखने को मिलता है। ज्योतिष की तरह औषधियों का ज्ञान भी हजारों साल से संगृहीत होता आया है। मानव-समाज के नाना प्रकार के पेशों में वैद्य का पेशा संभवतः सबसे पुराना है। इलाज के साथ ओझाई या झाड़-फूंक का रिश्ता हजारों साल पुराना है। अतः कुछ असाध्य रोगों के इलाज के लिए हमारे वैदिक भिषगाचार्य जादू-टोने की शरण में गए, तो इससे हमें आश्चर्य नहीं होना चाहिए।

चिकित्सा के बारे में सबसे अधिक जानकारी अथर्ववेद में मिलती है। अथर्ववेद को इसीलिए 'आंगिरस' या 'भिषग्वेद' भी कहते हैं। इस वेद में सिरदर्द (शीर्षक्ति), कान का दर्द (कर्णशूल), यक्ष्मा (टी.बी.), अंगभेद (शरीर में ऐंठन), अंगज्वर (बुखार) आदि रोगों के उल्लेख मिलते हैं। इससे पता चलता है कि आज के सामान्य रोगों से वैदिक जन भी मुक्त नहीं थे। गंजे सिर पर केश बढ़ाने के लिए तथा कोढ़ को भगाने के लिए अथर्ववेद में सूक्त मिलते हैं। पर जादू-टोने से भरे हुए अथर्ववेद के ये 'भैषज्य-सूक्त' किस प्रकार के हैं, इसके चंद उदाहरण देखिए :

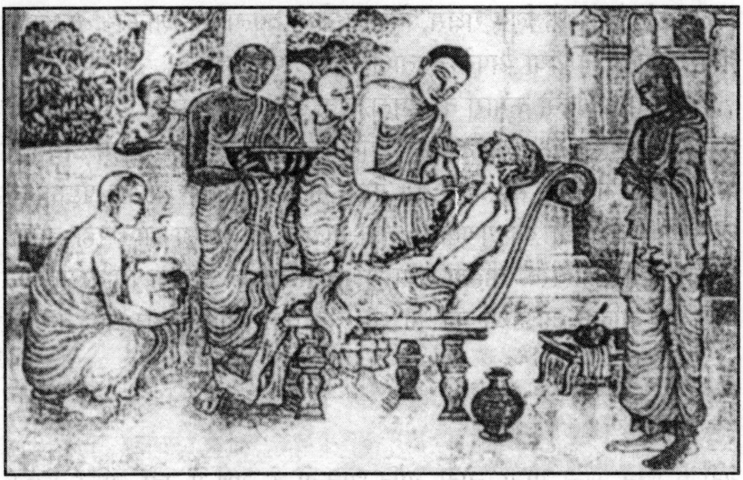

एक भिक्षु की सेवा-शुश्रूषा करते हुए गौतम बुद्ध श्रावस्ती (उत्तर प्रदेश) के जेतवन बिहार का एक चित्र

—हे ओषधि! तू रात में उत्पन्न हुई है; हे काले व मटमैले रंग की, हे रंग देनेवाली, रंग दे इस सफेद कुष्ठ को, रंग दे इस पीले दाग को।

—हे वनस्पति! गायब हुए केश तेरे कारण आवें, चमड़ा जुड़ जाए, रक्त और हड्डी बढ़े, इस प्रकार घाव ठीक हो जाए।

—आग की तरह तेज गरमी से जलाकर दुनिया के लोगों को तू पीला बना देता है। इसलिए हे तक्मन् (ज्वर)! तू तेजहीन हो जा। पाताल में चला जा और यहां से गायब हो जा।

—हे तक्मन्! तू भूजवतों के पास जा या उनसे भी परे वाहिलकों किसी कामुक शूद्र स्त्री को खोज ले और इच्छा भर उसे तंग कर।

हे तक्मन्! ये तेरे उपद्रव बड़े भयानक हैं। इनके द्वारा हमें तंग न कर।

हे तक्मन्! तू अपने भाइयों को लेकर विदेशियों के पास चला जा।

अथर्ववेद में रोग पैदा करनेवाले कीड़ों को भगाने के लिए कई मंत्र हैं। कीड़ों की जात-पांत तथा उनके रिश्तेदारों के बारे में भी जानकारी है; जैसे—कीड़ों का राजा मार डाला गया। उसकी मां तथा भाई-बहन भी मार डाले गए। वह कीड़ा भी मार डाला गया।

उस समय के भिषगाचार्य यह भी मानते थे कि राक्षस, भूत और पिशाच आदमियों में रोग फैलाते हैं। बेचारे वैदिक वैद्य जिन रोगों का इलाज नहीं कर सकते थे, उनके लिए राक्षस, पिशाच जैसी काल्पनिक शक्तियों को दोषी नहीं ठहराते, तो क्या अपने देवताओं को दोषी ठहराते?

वेदों में अश्विनी कुमारों के चमत्कारिक इलाजों के अनेक उल्लेख मिलते हैं। पर ये इलाज किस कोटि के रहे होंगे, इसका कुछ आभास हमें अथर्ववेद की ओझाई से मिल ही जाता है। फिर भी यह स्वीकार करना पड़ेगा कि उस समय के वैद्यों को गुणकारी जड़ी-बूटियों का अच्छा ज्ञान रहा होगा। पर कालांतर की **चरक संहिता** तथा **सुश्रुत संहिता** में जितना चिकित्सा-ज्ञान है, उतना वैदिक ओझाओं को भी था, यह कोई भी स्वीकार नहीं करेगा।

धातुकर्म

वेदों में 'धतु' शब्द सोना, लोहा आदि धातुओं के अर्थ में नहीं, बल्कि 'धातृ' या धारण करने के अर्थ में आया है। वेदों में 'लोह' शब्द भी नहीं मिलता।

हां, **अयस्** शब्द ऋग्वेद में आया है; पर इसका अर्थ था कोई भी धातु या तांबा। सिंधु सभ्यता ताम्रयुग की सभ्यता थी वैदिक आर्यों को तांबा, सोना, तथा चांदी का ज्ञान जरूर था, पर वे लोहे का इस्तेमाल करना जानते थे कि नहीं, इसके बारे में निर्विवाद रूप से कुछ नहीं कहा जा सकता। संभव है कि वे अपने साथ लोहे का ज्ञान लाए हों और यहां स्थिर हो जाने पर उन्होंने बाद में लोहा बनाना शुरू कर दिया हो। यजुर्वेद में **अयस्ताप** शब्द का उल्लेख आता है। यदि अयस् शब्द बाद में लोहे के अर्थ में प्रयुक्त होने लग गया हो, तो अयस्ताप का अर्थ लकड़ी-कोयला आदि से लोहा तैयार करना हो सकता है।

सुलतानगंज (बिहार) से प्राप्त तांबे की बुद्ध-प्रतिमा

संक्षेप में, यही था वैदिक काल का विज्ञान।

वेदों में निहित ज्ञान-विज्ञान को अक्षय भंडार मानने से, न केवल आज के देश-विदेश के वैज्ञानिकों की उपलब्धियों का अपमान होता है, बल्कि हमारे देश के आर्यभट, ब्रह्मगुप्त, भास्कर, चरक, सुश्रुत, वाग्भट जैसे महान वैज्ञानिकों का भी अपमान होता है।

प्राचीन भारत में गणित का विकास

वैज्ञानिक विकास में पाश्चात्य देशों की तुलना में आज हम काफी पिछड़े हुए हैं। लेकिन हमेशा ऐसी स्थिति नहीं रही है। हमारे देश के इतिहास में एक लंबा काल ऐसा भी रहा है जब भारत ज्ञान-विज्ञान के किसी भी क्षेत्र में अन्य देशों से पीछे नहीं था। गणित के क्षेत्र में तो हमारा देश बहुत आगे था। आधुनिक गणित का विकास भारतीय गणित की नींव पर आधारित है इस बात को पाश्चात्य विद्वान भी स्वीकार करते हैं। आज सारे संसार में प्रचलित शून्य पर आधारित स्थानमान अंक-पद्धति भारतीय आविष्कार है। गणित की अनेक विधियां मूलतः भारतीय गणितज्ञों की उपलब्धियां हैं। भारतीय आविष्कार पहले अरब-जगत में फैले, तदनंतर यूरोप के देशों में।

पुरातन काल से ही हमारे देश में गणितशास्त्र को सर्वाधिक महत्व दिया जाता रहा है। वेदांग-ज्योतिष का एक श्लोक है :

यथा शिखा मयूराणां नागानां मणयो यथा।
तद्वद्वेदांगशास्त्राणां गणितं मूर्धनि स्थितम् ॥

अर्थात्, जिस प्रकार मोरों की शिखाएं और नागों की मणियां सबसे ऊंचे स्थानों पर रहती हैं, उसी प्रकार वेदांग शास्त्रों में गणित का स्थान सबसे ऊपर है।

भारत में गणित का विकास ज्योतिष के साथ-साथ ही हुआ। आर्यभट, ब्रह्मगुप्त, भास्कराचार्य आदि महान ज्योतिषी महान गणितज्ञ भी थे। भारत के सभी धर्मों ने गणितशास्त्र की उन्नति में सहयोग दिया। इनमें जैन धर्म का सहयोग विशेष रूप से महत्वपूर्ण है। कई जैनाचार्य महान गणितज्ञ हुए हैं।

सिंधु सभ्यता के काल (लगभग 2500-1500 ई.पू.) में गणित की क्या स्थिति थी, इसके बारे में हमें प्राचीन मिस्र या सुमेर-बेबीलोन के गणित की

तरह कोई जानकारी नहीं मिलती। सिंधु सभ्यता वालों के सुमेर-बेबीलोन के साथ व्यापारी संबंध थे। सिंधु सभ्यता किसी भी माने में मिस्र या सुमेर की सभ्यता से कम विकसित नहीं थी। अतः हम अनुमान लगा सकते हैं कि सिंधु सभ्यता का गणित प्राचीन मिस्र या सुमेर-बेबीलोन के गणित से कम विकसित नहीं रहा होगा।

वेदों में गणित की कोई चर्चा नहीं है। ऋग्वेद में सबसे बड़ी संख्या इकाई 'अयुत' (10000) है। यजुर्वेद-संहिता (वाजसनेयी) और तैत्तिरीय-संहिता में पराधि (10,00,00,00,00,000) तक की संख्या-संज्ञाएं मिलती हैं। कुछ साल पहले गोवर्धनपीठ के शंकराचार्य ने अथर्ववेद का नाम लेकर इसके कुछ मंत्रों में आधुनिक गणित के फार्मूले खोजने का प्रदर्शन काशी विश्वविद्यालय में किया था, किंतु बाद में खोज करने पर पता चला कि उन्होंने जिन मंत्रों के उदाहरण दिए थे, वे अथर्ववेद में कहीं नहीं हैं और न उनकी भाषा ही वैदिक है।

वस्तुतः भारतीय गणित की शुरुआत वेदांग-काल से होती है। वेदों के अध्ययन के लिए बाद में शिक्षा, कल्प, ज्योतिष आदि वेदांग-शास्त्रों की रचना हुई थी। इन छह वेदांगों में से एक है—श्रोतसूत्र, जिनमें कर्मकांड संबंधी बातों का विवरण है। कल्पसूत्र इन्हीं श्रौतसूत्रों के अंग हैं और कल्पसूत्रों के परिशिष्टों के रूप में 'शुल्वसूत्र' रचे गए थे। इन्हीं शुल्वसूत्रों में हमें पहले-पहले भारतीय गणित—वस्तुतः रेखागणित—के दर्शन होते हैं।

किसी समय बहुत-से शुल्वसूत्रों का अस्तित्व रहा होगा, किंतु आज केवल सात ही शुल्वसूत्र उपलब्ध हैं—बौधायन, आपस्तंब, कात्यायन, मानव, मैत्रायण, वाराह और वाधुल। इनमें गणित की दृष्टि से पहले दो सूत्रग्रंथ ही विशेष महत्त्व के हैं और इनमें भी अनेक बातें समान हैं। इनके कर्ताओं के नाम पर इन शुल्वसूत्रों को ये नाम दिए गए थें अर्थात्, बौधायन, आपस्तंब आदि हमारे देश के प्राचीन गणितज्ञ थे।

शुल्वसूत्रों की रचना वेदियों की रचनाओं के नियम बतलाने के लिए हुई है। खास अग्नियों के लिए ख़ास आकार-प्रकार की वेदियां बनती थीं। कई बार एक आकार की वेदी को दूसरे आकार की वेदी में भी बदलना पड़ता था, जैसे, वृत्ताकार वेदी को वर्गाकार में बदलना। वेदियों के निर्माण से संबंधित इन्हीं सूक्ष्म विद्वानों को लेकर प्राचीन भारत में ज्यामिति के

अनेकानेक नियमों की खोज हुई थी। रेखागणित और ज्यामिति शब्द कालांतर के हैं। इनके लिए वेदांग-कालीन सही शब्द है "शुल्व-विज्ञान"। 'शुल्व' का अर्थ है 'रज्जु' अर्थात् रस्सी। शुल्व या धागे से क्षेत्रों का मापन होता था, इसीलिए क्षेत्र-मापन को शुल्व-विज्ञान कहा जाता था। शुल्वसूत्रों का रचना-काल हम ई.पू. सातवीं-छठी शताब्दी मान सकते हैं।

शुल्वसूत्रों में यूक्लिड की ज्यामिति के अनेक प्रमेय मिलते हैं। शुल्वसूत्रों की ज्यामिति की सारी बातों की चर्चा तो यहां संभव नहीं है। हम एक-दो प्रमुख बातों का ही उल्लेख करेंगे। यूक्लिड की ज्यामिति का एक प्रमेय 'पाइथेगोर का प्रमेय' नाम से प्रसिद्ध है। पाइथेगोर (लगभग 572-501 ई.पू.) के बहुत पहले यह प्रमेय हमारे शुल्वसूत्रों में मिलता है। जर्मन इतिहासज्ञ हान्केल का मत है कि इस प्रमेय की सिद्धि में यूनानी विधि की अपेक्षा भारतीय विधि की झलक अधिक है। वस्तुतः ज्यामिति का यह प्रसिद्ध प्रमेय यूनानियों के पहले, न केवल भारतीयों को, अपितु चीन तथा बेबीलोन के गणितज्ञों को भी ज्ञात था।

सामान्यतः माना जाता है कि अपरिमेय संख्याओं की खोज पाइथेगोर के स्कूल में हुई थी। किंतु उनके पहले शुल्वसूत्रकार इस संख्याओं से अच्छी तरह परिचित थे। आपस्तंब शुल्वसूत्र में 'वमर्गमूल 2' (द्विकरणि) का मान दिया हुआ है 1.4142156...। 'वर्गमूल 2' का सही मान है 1.414213...।

सन् 1881 ई. में पेशावर के पास के मक्षाली गांव में एक किसान को भोजपत्र पर लिखी हुई एक हस्तलिपि मिली थी। इस हस्तलिपि के केवल 70 पन्ने ही मिले थे और वे भी खंडित अवस्था में थे। शारदा लिपि और गाथा भाषा में लिखी हुई इस पोथी का विषय है गणित। इस पुस्तक के रचना-काल एवं रचयिता के बारे में कोई जानकारी नहीं मिलती। इसमें गणित के नियम प्रश्नों तथा उनके उत्तरों के साथ दिए गए हैं, अधिकांश प्रश्न अंकगणित और बीजगणित से संबंधित हैं। हॉर्नले, विभूतिभूषण दत्त आदि विद्वानों का मत है कि यह पुस्तक ईसा की तीसरी-चौथी शताब्दी की रचना है। इसमें गणित से संबंधित कई शब्द तथा कई विधियां ऐसी हैं जो कालांतर के गणितज्ञों के ग्रंथों में नहीं पाई जाती। इस मक्षाली-हस्तलिपि में घटाने के लिए चिह्न का प्रयोग हुआ; जैसे, 13-9 को 13 9 + लिखा जाता था। बाद के गणित-ग्रंथों में घटाए जानेवाली संख्या के ऊपर एक बिंदी रख

दी जाती थी। बीजगणित की अज्ञेय राशि के लिए बाद के गणित-साहित्य में 'यावत्-तावत्' (संक्षेप में 'या') शब्द का प्रयोग मिलता है, तो मक्षाली हस्तलिपि में इसके लिए शून्य (0) का प्रयोग हुआ है।

आर्यभट (499 ई.) के साथ भारतीय गणित के वैभवशाली का आरंभ होता है। आर्यभट के ग्रंथ 'आर्यभटीय' की खोज स्वर्गीय डा. भाऊदाजी ने 1864 ई. में की थी। केवल 23 साल की अल्पायु में आर्यभट ने इस ग्रंथ की रचना की थी। आर्यभट के कथनानुसार वे कुसुमपुर (पटना) के निवासी थे, किंतु लगता है कि उनका जन्म (476 ई. में) केरल में हुआ था। आर्यभटीय बहुत छोटी पुस्तक है। इसमें कुल मिलाकर दस गीतिका श्लोक (दशगीतिका) और 108 आर्याएं (आर्याष्टशतम्) है। ये 108 आर्याएं तीन भागों में विभाजित हैं—गणित, कालक्रिया (काल-गणना) और गोल (ज्योतिष-गणित)। गणित के प्रकरण में केवल 33 श्लोक हैं, किंतु इतने में ही सूत्रमय भाषा में वर्गमूल, घनमूल श्रेणी, वर्ग-समीकरण तथा कुछ ज्यामितीय सवालों का विवेचन आ गया है।

आर्यभट ने गणित को पद्य में ढालने के लिए यूनानियों की तरह संस्कृत-वर्णमाला के आधार पर एक अक्षरांक-पद्धति को जन्म दिया था। आर्यभट ने पहली बार वृत्त की परिधि तथा इसके व्यास के अनुपात (पाइ) के लिए सही मान दिया था $\frac{2000}{62832}$ अर्थात्, 3.1416। लेकिन आर्यभट सबसे अधिक प्रसिद्ध हैं त्रिकोणमिति की उपलब्धियों के लिए। आज जो त्रिकोणमिति प्रचलित है, वह आर्यभट की पद्धति पर ही आधारित है। त्रिकोणमिति का 'साइन' (सिनुस्) शब्द मूलतः संस्कृत शब्द 'जीवा' से बना है। अरबी लिपि में स्वर नहीं लिखे जाते, अतः संस्कृत 'जीवा' अरबी में 'ज-ब' बना। अरबी गणित-ग्रंथों का जब लैटिन में अनुवाद हुआ, तो इस 'ज-ब' को गलती से 'जैब' समझ कर इसका लैटिन अनुवाद हुआ 'छाती' अर्थात् 'सिनुस'!

आर्यभट से भारतीय गणित का जो युग आरंभ हुआ था, उसका अंत हुआ भास्कराचार्य (1150 ई.) के समय में। इस काल में भारत में बड़े-बड़े गणितज्ञ हुए। ब्रह्मगुप्त (628 ई.) के 'खंडखाद्यम्' तथा 'ब्रह्म-स्फुट-सिद्धांत' का खलीफा अल्-मंसूर (753-774 ई.) के शासन-काल में बगदाद में जब

अनुवाद हुआ तभी अरबी गणितज्ञों को भारतीय गणित की जानकारी मिली। ब्रह्मगुप्त के बाद भारत में लल्ल (748 ई.), श्रीधर (750 ई.), महावीर (850 ई.), श्रीपति (1039 ई.) तथा मंजुल (932 ई.) जैसे महान गणितज्ञ हुए।

भारतीय गणित अपने विकास की चरमोन्नति पर पहुंचा भास्कराचार्य के समय में। भास्कर का जन्म महाराष्ट्र के सह्याद्रि-पर्वत प्रदेश में 1114 ई. में हुआ था और 1150 ई. में उन्होंने अपने महान ग्रंथ 'सिद्धांत-शिरोमणि' की रचना की थी। यह ग्रंथ चार अध्यायों में विभक्त है—लीलावती, बीजगणित, गोलाध्याय और ग्रहगणित। स्वयं भास्कर ने इस ग्रंथ पर 'वासना' नाम का भाष्य लिखा है। भास्कर का 'लीलावती' ग्रंथ भारत के गणित-वांग्मय में सबसे अधिक प्रसिद्ध रहा है। इसका विषय अंकगणित है। अपनी पुत्री (या प्रेयसी ?) का नाम भास्कर ने इस पुस्तक को दिया है। बीजगणित, जैसा कि नाम से ही स्पष्ट है, बीजगणित से संबंध रखता है। शेष दो अध्याय ज्योतिष से संबंधित हैं। भास्कर ने गणित की अनेक नई विधियों को जन्म दिया था। उन्होंने 'अनंत' संबंधी गणित की भी अच्छी व्याख्या की है। उनके गणित में आधुनिक कलण-गणित (कैल्कुलस) की स्थापना का भी आभास मिलता है।

किंतु भास्कर के बाद हमारे देश में उनकी परंपरा को आगे बढ़ाने वाला कोई महान गणितज्ञ पैदा नहीं हुआ। 12वीं शताब्दी के बाद भारत में ज्ञान-विज्ञान के सभी क्षेत्रों का यही हाल है। फिर भी, भारतीय गणित के लिए यूरोप का गणित—आधुनिक गणित—बड़ा ऋणी है। भारतीय गणित पहले अरबी में अनूदित हुआ और तदनंतर यूरोप के पुनर्जागरण काल में यह यूरोप में पहुंचा। आधुनिक गणित में प्रयुक्त अनेक विधियां वस्तुतः भारतीय गणितज्ञों द्वारा खोजी हुई विधियां हैं।

आज तो परंपरा यह है कि, जिसने जो फार्मूला खोजा उसका नाम उस फार्मूले के साथ जुड़ जाता है। हमारे देश में यह परंपरा नहीं थी। यदि निष्पक्ष होकर हम गणित की विधियों के साथ इनके आविष्कारक के नाम पुनः जोड़ने लग जाएं, तो दर्जनों विधियों के साथ भारतीय गणितज्ञों के नाम जोड़ने पड़ेंगे। भारतीय गणित की इस महान देन को पाश्चात्य विद्वानों ने भी स्वीकार किया है। गणित के प्रसिद्ध इतिहासज्ञ काजोरी ने लिखा है—

यह ध्यान देने की बात है कि भारतीय गणित ने हमारे वर्तमान विज्ञान में किस हद तक प्रवेश किया है। वर्तमान बीजगणित और अंकगणित दोनों की विधि तथा भाव भारतीय हैं, यूनानी नहीं। गणित के उन संपूर्ण और शुद्ध चिह्नों, भारतीय गणित की उन क्रियाओं...और उनकी बीजगणित की विधियों पर विचार तो करो और फिर सोचो कि गंगा के तीर पर रहने वाले ब्राह्मण किस श्रेय के भागी नहीं हैं? दुर्भाग्य से भारत के कई अमूल्य आविष्कार यूरोप में बहुत बाद में पहुंचे, जिनका प्रभाव, यदि वे दो-तीन सदी पहले पहुंचते, तो अधिक पड़ता।

डी. मार्गन लिखते हैं : ‘‘हिंदू गणित यूनानी गणित से उच्च कोटि का है। भारतीय गणित वह है जिसे आज हम प्रयुक्त करते हैं।’’

भारतीय अंतर्राष्ट्रीय अंक

ज्ञान-विज्ञान के क्षेत्र में भारत की संसार को सबसे बड़ी देन है–शून्य पर आधारित दशमिक स्थानमान अंक-पद्धति। आज सारे संसार में इसी अंक पद्धति का प्रयोग होता है। पाश्चात्य विद्वानों ने भी भारत के इस महान आविष्कार की मुक्तकंठ से प्रशंसा की है। प्रो. हैल्स्टेड ने कहा है, "शून्य के आविष्कार के महत्व की जितनी भी स्तुति की जाए, कम है। निरर्थक शून्य को केवल स्थान, संज्ञा, आकृति एवं संकेत ही नहीं बल्कि एक उपयोगी शक्ति प्रदान करना हिंदू जाति की, जहां से इसकी उत्पत्ति हुई है, एक विशेषता है। यह 'निर्वाण' को विद्युतशक्ति में परिवर्तित करने के समान है। गणित संबंधी कोई भी एक आविष्कार ज्ञान और शक्ति को आगे बढ़ाने में इतना प्रबल सिद्ध नहीं हुआ है।" (ऑन द फाउंडेशन एंड टेकनीक ऑव अरिथमेटिक', शिकागो, 1912, पृ. 20)

न केवल भारत की सभी वर्तमान लिपियों की, अपितु दक्षिण-पूर्व एशिया की अनेक लिपियों तथा श्रीलंका और तिब्बती लिपियों की जननी ब्राह्मी लिपि ही है। अंग्रेजी तथा यूरोप की अन्य भाषाओं के साथ आज जिन अंक-संकेतों (1, 2, 3, 4, 6, 7, 8, 9, 0) का प्रयोग होता है, उनका विकास भी पुराने भारतीय अंक-संकेतों से ही हुआ है। अंग्रेजी के साथ इन अंक-संकेतों का इस्तेमाल होता है, इसलिए भ्रांतिवश कुछ लोग उन्हें "अंग्रेजी अंक" कहते हैं।

कुछ लोग इन्हें "रोमन-अंक" कहते हैं, किंतु रोमन-अंक असल में दूसरे ही प्रकार के अंक हैं। पाश्चात्य देशों के लोग प्रायः इन्हें "अरबी अंकों" के नाम से जानते हैं। कुछ पाश्चात्य विद्वान, कुछ अधिक उदारता का परिचय देकर, इन्हें "हिंदू-अरबी अंक" का नाम देते हैं।

परंतु तथ्य यह है कि देवनागरी अंकों की तरह, इन अंकों का विकास भी प्राचीन भारत के ब्राह्मी अंकों से हुआ है। अंतर केवल इतना ही है कि जहां देवनागरी और अन्य भारतीय भाषाओं के साथ प्रयुक्त अंकों का विकास भारत-भूमि में हुआ, वहां इन अंक-संकेतों का विकास पहले अरब देशों में और बाद में यूरोप के देशों में हुआ। ब्राह्मी अंकों से आज के भारतीय अंकों तक इनके विकास का अभिलेखों एवं हस्तलिपियों में जिस प्रकार एक सिलसिला मिलता है, उसी प्रकार का सिलसिला ब्राह्मी अंकों से लेकर इन 1, 2, 3, 4, 5, 6, 7, 8, 9, 0 अंकों तक मिलता है। अतः ये मूलतः ''भारतीय अंक'' हैं। यूरोप के देशों में फैलने पर अब इन्होंने अंतर्राष्ट्रीय अंकों का दर्जा हासिल किया है, इसलिए इन्हें अब ''भारतीय अंतर्राष्ट्रीय अंक'' कहना ही उचित है और हमारे संविधान में इन्हें यही नाम दिया गया है।

भारत की राष्ट्रभाषा हिंदी के साथ इन ''भारतीय अंतर्राष्ट्रीय अंकों'' को ''राष्ट्रीय अंक'' मानकर सारे भारत के लिए स्वीकार कर लेना चाहिए या नहीं, यह एक नितांत भिन्न स्तर का सवाल है। प्रस्तुत लेख में, मैं यही प्रतिपादित करना चाहता हूं कि इन अंकों का मूल स्रोत भारत में है। वस्तुतः अंक-संकेत एक गौण चीज़ है, असली चीज़ है, शून्य की धारणा और इस पर आधारित दशमिक स्थानमान अंक-पद्धति यही भारतीय अंक-पद्धति की विशेषता है। इसी विशेषता के कारण भारतीय अंक-पद्धति आज 'अंतर्राष्ट्रीय अंक-पद्धति' बन गई है। भारतीय अंक-पद्धति की इसी विशेषता के कारण संसार की सभी प्राचीन अंक-पद्धतियां आज केवल पुरालिपिविदों के अध्ययन का विषय बनकर रह गई हैं। भारत में भी आदिकाल से शून्य एवं स्थानमान अंक-पद्धति का अस्तित्व देखने को नहीं मिलता। अतएव, भारत के इस महान आविष्कार के यथार्थ मूल्यांकन के लिए अन्य प्राचीन अंक-पद्धतियों पर एक सरसरी नज़र डाल लेना उपयोगी ही सिद्ध होगा।

आदिम-मानव ने लिपि-संकेतों के पहले ही सरल से अंक-संकेतों को जन्म दिया था। जमीन पर या किसी भी अन्य वस्तु पर एक-एक वस्तु के लिए खींची गईं लकीरें मानव के आदिम अंक-संकेत थे। आजकल के कई आदिवासी समाजों में अंकों के लिए इसी प्रकार की खड़ी या आड़ी

लकीरों का प्रयोग हम बहुधा देखते हैं। लेकिन आदिम समाज बड़ी-बड़ी संख्याओं की गिनती नहीं जानता था। उसके शब्द-भंडार में संख्याओं के लिए केवल चंद शब्द ही थे। अधिकतर दोनों हाथों की दस उंगलियों पर गणना होती थी। हथेली या पंजे में पांच उंगलियां होती हैं, इसीलिए 'पांच' के लिए संस्कृत में 'पंच', यूनानी में 'पैन्टे', जर्मन में 'फिंफ' आदि शब्द अस्तित्व में आए। हमारी वर्तमान अंक-पद्धति दस अंक-संकेतों पर आधारित है, यह दशमिक या दशगुणोत्तर है। इसका एकमात्र कारण है, हमारे दोनों हाथों की उंगलियों का दस होना। हमारे दोनों हाथों की उंगलियां यदि 12 या 16 होतीं, तो गणना का आधार भी 12 या 16 ही होता। इससे यह समझा जा सकता है कि यह दशमिक अंक-पद्धति ही सबसे बेहतर अंक-पद्धति है। वस्तुतः अंक-पद्धति का आधार कोई भी संख्या हो सकती है। आजकल के इलेक्ट्रोनिक गणक-यंत्रों की गणना-पद्धति का आधार केवल दो अंक-संकेत हैं–0 और 1। किंतु सभी प्राचीन सभ्यताओं की गणना-पद्धतियों में गणना का आधार दस ही रहा हो, ऐसी भी बात नहीं है। मध्य अमरीका की मय सभ्यता की अंक-पद्धति का आधार 20 था, तो सुमेरी-बेबीलोनी अंक-पद्धति 60 पर आधारित थी।

सुमेरी-बेबीलोनी अंक-पद्धति

संसार की सबसे प्राचीन अंक-पद्धति सुमेरी अंक-पद्धति है। मेसोपोटामिया की दजला-फरात नदियों के मुहाने के प्रदेश में बसे हुए इन सुमेरी लोगों ने ई.पू. 3000 के पहले ही इस अंक-पद्धति को जन्म दिया था। बाद में सुमेरी लिपि की तरह सुमेरी अंक-पद्धति को भी बेबीलोनी और असीरी लोगों ने अपना लिया। सुमेरी अंक-पद्धति 60 पर आधारित थी। इसमें 1 से 9 तक के अंक इतनी ही खड़ी लकीरों से लिखे जाते थे। 10 के लिए एक आड़ी लकीर थी। इस प्रकार, 1 से 59 तक की संख्याएं इन्हीं आड़ी (दहाई) और खड़ी (इकाई) लकीरों के योग से लिखी जाती थीं। 60 के लिए, और 60 के किसी भी घात के लिए, पुनः 1 का चिह्न अर्थात् एक बड़ी लकीर का इस्तेमाल होता था। इस प्रकार, सुमेरी अंक-पद्धति में 60 का वही महत्व

था जो कि हमारी अंक-पद्धति में 10 का है। सुमेरी लोगों ने गणना के लिए 60 का यह आधार ही क्यों चुना, यह प्रश्न बड़ा विवादास्पद है, इसलिए हम उस वाद-विवाद में नहीं उतरेंगे। वस्तुतः सुमेरी लोगों की यह देन आज भी हमारे बीच विद्यमान है। आज भी हम घंटे को 60 मिनटों में, मिनट को 60 सेकंडों में, वृत्त को 360 डिग्रियों में, डिग्री को 60 मिनटों में और मिनट को 60 सेकंडों में विभाजित करते हैं।

बेबीलोनी लोग मिट्टी के फलकों पर नुकीली कलम से लिखते थे और तदनंतर इन फलकों को धूप या भट्ठी में पका लेते थे। इसलिए उनके अंक-संकेत, और लिपि संकेत भी, खड़ी या आड़ी रेखाएं न रहकर तिकोनी खापें बनती थीं। इसीलिए उनकी लिपि को 'कीलाक्षर' लिपि कहते हैं। कीलाक्षर लिपि और इसके अंक-संकेतों का इस्तेमाल ईसा के समय तक थोड़ा-बहुत होता रहा, किंतु इसके बाद यह लिपि और इसके अंक-संकेत मर गए।

मिस्री अंक-पद्धति

प्राचीन मिस्र के गणितज्ञों को भी शून्य का ज्ञान नहीं था। ई.पू. 3000 के आसपास मिस्री लिपि—हाइरोग्लिफिक लिपि—और इसके अंक-संकेत अस्तित्व में आ चुके थे। इसमें 1 से 9 तक के अंक इतनी ही खड़ी लकीरों से व्यक्त किए जाते थे। 10 के लिए अंग्रेजी 'यू' के उलटे आकार (Ω) का चिह्न था। 99 तक की संख्याएं इन्हीं दो चिह्नों को दोहराते हुए लिखी जाती थीं। इसी प्रकार 100, 1000, 10,000 तथा 1,00,000 के लिए स्वतंत्र संकेत थे। 10,00,000 (दस लाख) के लिए दोनों हाथ ऊपर उठाए हुए एक बैठे हुए आदमी का संकेत था। ऊपर उठाए हुए हाथ मानो व्यक्त करते थे कि यह एक बहुत-बहुत बड़ी संख्या है। असल में, मिस्री लोगों के पास इससे बड़ी संख्या के लिए कोई संकेत नहीं था। स्पष्ट है कि प्राचीन मिस्री अंक-पद्धति 10 पर आधारित अर्थात् दशगुणोत्तर थी और इसमें कुल 7 अंक-संकेतों का प्रयोग होता था। इसमें स्थानमान के लिए कोई गुंजाइश नहीं थी और इसमें शून्य की धारणा या इसके लिए कोई संकेत नहीं था। मिस्री अंक-पद्धति के दो नमूने हैं :

 = 966

 = 11,52,023

मिस्र पर टॉलमी राजाओं के शासन-काल (ईसा के पहले की तीन शताब्दियां) तक अभी मिस्र की प्राचीन लिपियों का और इसके अंक-संकेतों का इस्तेमाल होता था। लेकिन इसके बाद इनका ज्ञान धीरे-धीरे लुप्त हो गया। कुछ पुरालिपिविदों की मान्यता है कि मिस्री लिपि की 'व्यंजनमाला' ने सेमेटिक लिपियों की व्यंजनमाला को प्रभावित किया है। लेकिन मिस्री अंक-पद्धति ने किसी भी अन्य अंक-पद्धति को प्रभावित नहीं किया।

यूनानी अंक-पद्धति

इस शताब्दी के आरंभ में सर आर्थर इवांस ने जब क्रीट की प्राचीन सभ्यता का उद्‌घाटन किया था, तो उन्होंने वहां से दो प्रकार की लिपियों के पुरावशेष प्राप्त किए। इन लिपियों को उन्होंने नाम दिए–'रैखिक-अ' और 'रैखिक-ब'। रेखिक-अ लिपि संभवतः क्रीट के मूल निवासियों की लिपि थी। इस लिपि का तथा इसमें निहित भाषा का अभी तक उद्‌घाटन नहीं हुआ है। किंतु रैखिक-ब लिपि का 1952 ई. में उद्‌घाटन करने का महान श्रेय है इंग्लैंड के दिवंगत पुरालिपिविद माइकेल वेन्ट्रिस को। इस रैखिक-ब लिपि की आद्ययूनानी भाषा है। 1400 ई.पू. के आसपास यूनानियों का क्रीट द्वीप पर अधिकार हो जाने पर, उन्होंने अपनी भारोपीय परिवार की भाषा के लिए रैखिक-अ लिपि के आधार पर एक नई लिपि रैखिक-ब का निर्माण किया था। इस रैखिक-ब लिपि की अंक-पद्धति दशमिक तो है, परंतु इसमें स्थानमान एवं शून्य के लिए कोई स्थान नहीं है। इसमें खड़ी रेखाएं इकाइयों को, आड़ी रेखाएं दहाई को, छोटा-सा शून्य सैकड़े को, किरणों वाला शून्य सहस्र को और इस किरणोंवाले शून्य के भीतर एक आड़ी लकीर खींचने पर यह दस हजार को व्यक्त करता था। जैसे–

 = 12345

ई.पू. 1200 के आसपास यूनानियों ने अपनी भाषा के लिए क्रीट की रैखिक-ब लिपि का प्रयोग त्याग दिया था। 1000 ई.पू. के आसपास उन्होंने पश्चिमी एशिया की उत्तरी सेमेटिक अर्थात् फिनीशियन लिपि की 'वर्णमाला' के आधार पर अपनी भारोपीय परिवार की भाषा के लिए एक नई लिपि का निर्माण किया। अपनी इस नई लिपि के लिए उन्होंने फिनीशियन लिपि के संकेत तो लिए ही, इन संकेतों के नाम (अल्फा, बीटा, गामा आदि) भी अपना लिए। अतः यह एक निर्विवाद तथ्य है कि यूनानी लिपि का निर्माण उत्तरी सेमेटिक लिपि की ''वर्णमाला'' (वस्तुतः ''व्यंजनमाला'') के आधार पर हुआ था। लेकिन अंक-संकेत? यूनानी लोगों ने अपनी इन नई वर्णमाला के अक्षरों को ही संख्याओं के मान दिए।

यूनानी अंक-पद्धति वस्तुतः अक्षरांक-पद्धति थी। यूनानी लिपि में कुल 24 अक्षर थे। इनमें से प्रथम 9 अक्षरों को उन्होंने 1 से 9 तक की संख्याओं के मान दिए; 10,20,30,...90 के लिए आगे के 9 अक्षर निर्धारित किए; और 100, 200, 300, 900 के लिए शेष 9 अक्षर। इस प्रकार अपनी अंक-पद्धति के लिए उन्हें 27 अक्षरों की जरूरत थी। अतः उन्होंने 3 अक्षर और गढ़े। लिपि-संकेतों से अंक-संकेतों को स्पष्ट करने के लिए इनके ऊपर प्रायः एक आड़ी लकीर खींच दी जाती थी। 1000, 2000...9000 संख्याएं वर्णमाला के प्रथम 9 अक्षरों की बाईं ओर एक तिरछी लकीर खींचकर व्यक्त की जाती थीं। 10,000 के लिए यूनानी अंक-पद्धति में रोमन 'एम, (M) जैसा चिह्न था। यह 'मिरियड' (=10,000) शब्द का आद्य-अक्षर था। दश-सहस्र वाली संख्याएं संकेत के ऊपर इकाई के संकेत रखकर व्यक्त की जाती थीं।

यही थी यूनानी अंक-पद्धति। वस्तुतः यह एक अक्षरांक-पद्धति थी और इसमें शून्य के लिए कोई स्थान नहीं था। आगे हम देखेंगे कि भारत में भी कई अक्षरांक-पद्धतियों का अस्तित्व रहा है। यूनानियों का अनुकरण करते हुए यहूदी लोगों ने भी अपनी हिब्रू लिपि के आधार पर एक अक्षरांक-पद्धति को जन्म दिया था।

रोमन अंक-पद्धति

शून्य एवं स्थानमान-युक्त भारतीय अंक-पद्धति के सामने संसार की कोई भी अंक-पद्धति टिक नहीं पाई। परंतु आज भी थोड़ी-बहुत मात्रा में हम रोमन अंक-पद्धति का यत्र-तत्र प्रयोग होता देखते हैं। रोमन अंक-पद्धति के संकेत हैं :

I	V	X	L	C	D	M
1	5	10	50	100	500	1000

रोमन-काल के आरंभ में ही ये अंक-संकेत अस्तित्व में आ गए थे। रोमन साम्राज्य के विस्तार के साथ सारे यूरोप में इन अंकों का प्रचार व प्रसार हुआ था। ईसा की आरंभिक शताब्दियों में अलेक्जेंड्रिया वाले भारतीय अंकों के बारे में सुन चुके थे। अंत में अरबों (मूरों) के माध्यम से दक्षिण-पश्चिमी यूरोप के देशवासी भी 9वीं शताब्दी में भारतीय अंक-पद्धति से परिचित हो गए थे। फिर भी, यूरोप में अभी रोमन अंक-पद्धति का ही बोलबाला था। बहुत पहले पश्चिमी रोमन साम्राज्य का अंत और 15वीं शताब्दी में पूर्वी रोमन साम्राज्य का अंत हो जाने पर भी यह अवैज्ञानिक रोमन अंक-पद्धति, ईसाइयत की छत्रछाया में, अभी जीवित थी। वस्तुतः यूरोप से इस रोमन अंक-पद्धति को हटाने के लिए भारतीय अंक-पद्धति को 17वीं शताब्दी के अंत समय तक संघर्ष करना पड़ा।

संक्षेप में, यही थीं, पुरातन जगत की अंक-पद्धतियां। चीनी अंक-पद्धति भी शून्य रहित थी। लेकिन कितने लोग जानते हैं कि मध्य अमरीका में, यूरोपवासियों के आगमन के पहले, एक ऐसी विकसित सभ्यता का अस्तित्व रहा है जिसकी अंक-पद्धति में शून्य के लिए एक संकेत था और वह यूरोप की प्राचीन अंक-पद्धतियों से कई गुना बेहतर थी।

मय सभ्यता की अंक-पद्धति

स्पेनिश लोगों के आगमन के पहले की मध्य अमरीका की मय सभ्यता की वैज्ञानिक उपलब्धियों की चर्चा तो यहां संभव नहीं है, किंतु इतना बता देना जरूरी है कि मय लोगों का पंचांग ग्रेगोरी-पंचांग से कई गुना बेहतर था। मय पुरोहित काल-निर्धारण की समस्या को काफी सफलता से सुलझा

चुके थे। असल में उनके सभी व्यापार काल-निर्धारण से व्याप्त थे। इसी सूक्ष्म काल-निर्धारण के लिए उन्होंने शून्य संकेत युक्त एक वैज्ञानिक अंक-पद्धति को जन्म दिया था। शून्य का आविष्कार करने का श्रेय केवल भारतीय पंडितों को ही नहीं है। स्वतंत्र रूप से मय सभ्यता के पंडित-पुरोहित भी शून्य को जन्म दे चुके थे। लेकिन मय सभ्यता की अंक-पद्धति 20 पर आधारित थी। इसमें कोई आश्चर्य की बात नहीं है। बहुत-सी सभ्यताओं ने दोनों हाथों की 10 उंगलियों के आधार पर दशमिक अंक-पद्धतियों को जन्म दिया, तो मय लोगों ने हाथों की 10 उंगलियों के साथ दोनों पैरों की 10 उंगलियां और जोड़कर एक विंशतिमान अंक-पद्धति का निर्माण किया था।

इस अंक-पद्धति में कुल तीन ही संकेत थे : 1 के लिए एक बिंदु (•), 5 के लिए एक आड़ी लकीर (–) और शून्य की धारणा के लिए एक कौड़ी-नुमा चिह्न। इस प्रकार, 19 के लिए चिह्न बनता था—तीन समानांतर आड़ी लकीरों के ऊपर एक पंक्ति में चार शून्य; 20 के लिए संकेत था—शून्य (कौड़ी-नुमा) के चिह्न के ऊपर एक बिंदु। इस अंक-पद्धति की 20 के आगे की उच्च इकाइयां थीं, क्रमशः 360, 7200 और 144,000। उच्च इकाइयां इस प्रकार लिखी जाती थीं कि सबसे बड़ी इकाई सबसे ऊपर रहती थी। उदाहरणार्थ :

1 ×	144,000	=	144,000
5 ×	7200	=	36,000
14 ×	360	=	5,040
4 ×	20	=	80
0 ×	0	=	0
	कुल		185,120

लेकिन यह विकसित अंक-पद्धति भी अब पुराशास्त्र के अध्ययन की चीज बनकर रह गई है।

भारतीय अंक-पद्धति की महत्त्व को समझने के लिए ही ऊपर संसार की प्रमुख अंक-पद्धतियों का संक्षिप्त परिचय दिया गया है। इनमें केवल

रोमन अंक-पद्धति का आज घड़ियों के अंक-संकेतों तथा पुस्तकों के प्रकरणों आदि में ही थोड़ा-बहुत इस्तेमाल होता है। वस्तुतः आज भारतीय अंक-पद्धति का ही सार्वभौम राज्य है। आइए, अब हम भारतीय अंक-पद्धतियों पर विचार करें।

भारतीय अंक-पद्धतियां

सिंधु लिपि के अंक

सिंधु सभ्यता का पता लगा 1920-22 ई. में। यह सभ्यता उतनी ही प्राचीन है जितनी कि मिस्र और सुमेर की सभ्यताएं। इस बात के लिए भी प्रमाण मौजूद हैं कि ई.पू. तीसरी सहस्राब्दी के मध्यकाल में सिंधु सभ्यता और सुमेरी सभ्यता के बीच व्यापारी संबंध थे। सुमेरी लोगों की तरह सिंधु जनों की भी अपनी लिपि थी। इस लिपि को दो हजार अक्षरांकित मुद्राएं मोहनजोदड़ो, हड़प्पा तथा अन्य स्थानों की खुदाई से मिली हैं। लेकिन भारतीय पुरातत्व का यह दुर्भाग्य ही समझिए कि अभी तक इस लिपि का उद्घाटन नहीं हुआ है।

वैसे, किसी भी पुरालिपि की खोज करते समय सबसे पहले प्रायः इसकी अंक-पद्धति का ही उद्घाटन होता है, जैसे कि मयसभ्यता की अंक-पद्धति और क्रीट की रैखिक-ब लिपि की अंक-पद्धति के बारे में हुआ है। लेकिन प्रयास करने पर भी सिंधु-सभ्यता की अंक-पद्धति के बारे में वैसा संभव नहीं हो पाया है। सिंधु लिपि के संकेतों के साथ जो खड़ी रेखाएं मिलती हैं, उन्हें बहुत-से पुरालिपिविद अंक-संकेत मानते हैं। 1 से 13 तक के अंकों दरशानेवाली इस प्रकार की खड़ी रेखाओं के संकेत हैं :

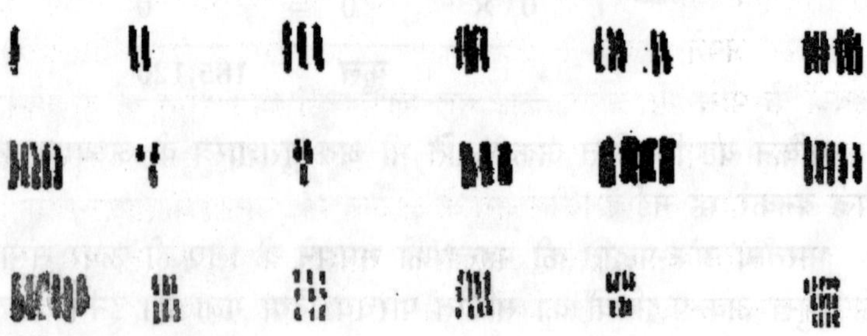

20, 30 तथा सैकड़े की संख्याएं किस प्रकार लिखी जाती थीं, यह अभी जाना नहीं जा सका है। लेकिन इतना निश्चित है कि सिंधु सभ्यता वालों की अंक-पद्धति सुमेरी अंक-पद्धति से कम विकसित नहीं ही रही होगी। सिंधु सभ्यता के नगरों की तथा इनके मार्गों एवं गलियों की योजनाबद्ध व्यवस्था को देखकर कोई भी यह स्वीकार करेगा कि उन्हें रेखागणित का अच्छा ज्ञान था। लेकिन जब तक सिंधु लिपि का उद्घाटन नहीं होता, तब तक इस सभ्यता के बारे में बहुत-सी बातें विचार-कोटि में ही रहेंगी।

वैद कालीन अंक-पद्धति

सिंधु सभ्यता के अंत (लगभग 1500 ई.पू.) के बाद और सम्राट अशोक (ई.पू. तीसरी शताब्दी) के 'धर्मलेखों' के पहले के बीच के काल का भारत में कोई निर्विवाद अभिलेख नहीं मिलता। अतः इस बीच अंकों के लिए संकेत रहे भी होंगे, तो वे किस प्रकार थे, इसके बारे में हमारे पास कोई प्रमाण नहीं है। लेकिन इस लंबे काल के साहित्य के अनुशीलन से इतना ज़रूर पता चलता है कि अंक-संकेतों का अस्तित्व रहा है।

भारत में आए आर्यों को आरंभ में लेखन-कला का ज्ञान न रहा हो, तो इसमें कोई आश्चर्य की बात नहीं है। ई.पू. दूसरी सहस्राब्दी के उत्तरार्ध में आर्यजनों की शाखाएं जिस देश में भी जाकर बसीं, उन्होंने उस-उस देश की लिपि को ही अपनाया है। यूनान और क्रीट में पहुंचे "आर्यों" ने आरंभ में क्रीट की लिपि के आधार पर अपने लिए एक लिपि बनाई; बाद में उन्होंने उत्तरी सेमेटिक लिपि के आधार पर अपने लिए एक वर्णमालात्मक लिपि का निर्माण किया था। ई.पू. 14वीं शताब्दी में उत्तर-पश्चिमी मेसोपोटामिया के हित्ती, मितानी आदि आर्य-शासकों ने बेबीलोन की कीलाक्षर लिपि के आधार पर अपने लिए एक लिपि बनाई थी। भारतीय आर्यों के ईरानी भाईबंदों के पास भी अपनी कोई मूल लिपि नहीं थी। ईरान के हखामनी शासनकाल (ई.पू. छठी शताब्दी) में ही पहली बार ईरानी आर्यों ने अपनी आर्य भाषा के लिए कीलाक्षरों के आधार पर "पारसी कीलाक्षर-माला" को जन्म दिया था। प्रसिद्ध हखामनी सम्राट दारयवुश (डेरियस) के बेहिस्तुन-शिलालेख की तीन लिपियों में से एक यही लिपि है।

अतः आर्यों की जो शाखा या शाखाएं भारत पहुंचीं, उनके पास भी कोई लिपि न रही हो, तो इसमें कोई आश्चर्य की बात नहीं है। उनका लोक-साहित्य इसीलिए 'श्रुति' कहलाया। भारत में आकर बसने के पहले 'आर्य' मंगोलों की तरह घुमक्कड़ ही थे। ऐसे लोगों को लिपि की जरूरत नही थी। लेकिन आदिवासियों की तरह घुमक्कड़ जनों को भी अंकों की ज़रूरत पड़ती है। ऋग्वेद के अध्ययन से पता चलता है कि आर्यों के पास सरल-सी संख्याओं के लिए अंक-संकेत अवश्य थे। ऋग्वेद का एक ऋषि कहता है–"सहस्रं मे ददतो अष्टकर्ण्यः" (10.62.7) अर्थात् "मुझे ऐसी सहस्र (गायें) दो जिनके कानों में 8 लिखा हो।" गायों के साथ अपने मालिक का संबंध स्थापित करने के लिए वैदिक-काल में गायों के कानों पर अंकों के या अन्य कोई निशान बनाने की प्रथा थी। अथर्ववेद में भी कानों पर 'मिथुन' बनाने का उल्लेख मिलता है और पाणिनि भी इस प्रथा का समर्थन करते हैं। अतः यह निश्चित है कि ऋग्वैदिक-काल में आर्यों के पास अंकों के लिए संकेत थे; परंतु ये अंक-संकेत किस प्रकार के थे, यह जानने के लिए आज हमारे पास कोई साधन नहीं है।

ऋग्वेद में 'अयुत' (10,000) तक की संख्याओं के नाम मिलते हैं। इससे बड़ी इकाई के लिए कोई संज्ञा नहीं मिलती। एकादश, त्रिंशत, चतुःऽशत, पंचऽपंच, आदि शब्दों पर विचार करने से स्पष्ट हो जाता है कि उस समय भी गणना का आधार दस ही था। लेकिन ऋग्वेद में 'शून्य' शब्द नहीं मिलता। ऋग्वेद में 'खे' शब्द आया है, परंतु वहां इसका अर्थ 'सूराख' है।

यजुर्वेद संहिता (वाजसनेयी) में 'परार्ध' तक की संख्याओं की एक लंबी सूची ही मिलती है; यथा एक (1), दश (10), सहस्र (1000), अयुत (10,000), नियुत (1,00,000), प्रयुत (10,00,000), अर्बुद (1,00,00,000), न्यर्बुद (10,00,00,000)। समुद्र (1,00,00,00,000) मध्य (10,00,00,00,000) अंत (1,00,00,00,00,000) और परार्ध (10,00,00,00,00,000) यही सूची तैत्तिरीय-संहिता में दो स्थलों पर और कुछ अंतर के साथ मैत्रायणी और काठक संहिताओं में भी मिलती है। इन सभी संज्ञाओं में आगे की संज्ञा पहले की संज्ञा से दस गुना बढ़कर है, इसीलिए इन्हें

"दशगुणोत्तर संज्ञाएं" कहते हैं। यजुर्वेद के एक अन्य मंत्र में प्रथम, द्वितीय, तृतीय आदि शब्दों का एक क्रम में द्वादश तक प्रयोग देखने को मिलता है। यजुर्वेद के ही एक अन्य मंत्र में 4 को 4 से ही 12 बार इस प्रकार जोड़ा गया है, मानो 4 का 12 तक (4 × 12) पूरा पहाड़ा ही दिया गया हो।

वैदिक साहित्य में संख्याओं की संज्ञाओं के इस प्रकार के अनेकानेक उल्लेख मिलने पर भी हम नहीं जानते कि उस समय के अंक-संकेत किस प्रकार के थे।

सम्राट अशोक (ई.पू. तीसरी शताब्दी) के अभिलेखों के साथ पहली बार हम भारतीय अंक-संकेतों की ठोस भूमि पर पैर रखते हैं। अशोक के अधिकांश 'धर्मलेख' ब्राह्मी लिपि में हैं, परंतु उसके मानसेहरा और शाहबाज़गढ़ी के दो लेख खरोष्ठी लिपि में हैं। अतः ब्राह्मी अंकों का परिचय प्राप्त कर लेने के पहले हम खरोष्ठी के अंकों पर दृष्टिपात कर लेंगे।

खरोष्ठी अंक

खरोष्ठी लिपि की उत्पति आरमेई लिपि से मानी जाती है। अशोक के समय में भारत के वायव्य प्रदेश (गांधार देश) में इस लिपि का प्रचार था। इसीलिए अशोक ने इस प्रदेश के अपने धर्मलेख इसी लिपि में खुदवाए। अशोक के बाद शक एवं कुषाण राजाओं ने भी अपने अभिलेखों तथा सिक्कों के लिए इसी लिपि का इस्तेमाल किया। पूर्वी मध्य-एशिया में भी इसी लिपि का प्रचार था, जहां से खरोष्ठी में लिखे हुए अनेक काष्ठ-फलक तथा हस्तलिपियां मिली हैं। सामान्य रूप से हम कह सकते हैं कि चौथी शताब्दी ई. तक खरोष्ठी लिपि का उत्तर पश्चिम भारत से लेकर मध्य एशिया तक के प्रदेश में व्यवहार होता रहा।

अशोक के उपर्युक्त दो शिलालेखों में 1, 2, 4 तथा 5 के लिए इतनी ही खड़ी पाइयों वाले अंक-संकेत मिलते हैं। लेकिन बाद के शक एवं कुषाण राजाओं के खरोष्ठी लेखों की अंक-प्रणाली कुछ भिन्न हैं। इसमें 1, 2 और 3 के लिए इतनी ही खड़ी पाइयां हैं, किंतु 4 के लिए गुणन चिह्न (×) जैसा

संकेत है। 5, 6 और 7 को क्रमशः 4 के चिह्न की बाईं ओर इतनी ही खड़ी पाइयां रखकर व्यक्त किया गया है। यहां हमें जान लेना चाहिए कि खरोष्ठी लिपि दाईं ओर से बाईं ओर लिखी जाती थी। इसीलिए 4 के आगे के इन अंकों की पाइयां इस चिह्न के बाईं ओर लिखी गई हैं। 8 के लिए 4 के चिह्न को दो बार लिखा जाता था (××) और 9 के लिए कोई चिह्न नहीं मिला है तथा 10 के लिए ऊपर से बाईं ओर मुड़ी हुई हुक जैसा चिह्न था। इसी हुक के नीचे एक और हुक जोड़ने से 20 जैसा चिह्न बनता था। 100 के लिए भी एक स्वतंत्र चिह्न था और इसी चिह्न के दाईं ओर एक, दो आदि अतिरिक्त पाइयां खींचकर 200, 300 आदि को व्यक्त किया जाता था। स्पष्ट है कि यहां गुणन के सिद्धांत का सहारा लिया गया है। लेकिन 1 से 100 तक की संख्याओं को लिखने के लिए योग के सिद्धांत का ही उपयोग होता था।

एक उदाहरण से खरोष्ठी अंक-पद्धति स्पष्ट हो जाएगी। 274 संख्या को, दाईं ओर से बाईं ओर, क्रमशः 2, 100, 20, 20, 20, 10 और 4; (अर्थात् 2 × 100) + 20 + 20 + 20 + 10 + 4 के संकेतों से व्यक्त किया जाता था, यथा :

स्पष्ट है कि खरोष्टी अंक-पद्धति न तो स्थानमान-युक्त थी और न इसमें शून्य के लिए कोई संकेत था।

ब्राह्मी अंक

अशोक के अभिलेखों के साथ कुछ अंक-संकेत तो मिले हैं, किंतु यहां भी हमें स्थानमान पद्धति तथा शून्य के दर्शन नहीं होते। अशोक के शिलालेखों में निम्नलिखित ब्राह्मी अंक-संकेत मिलते हैं :

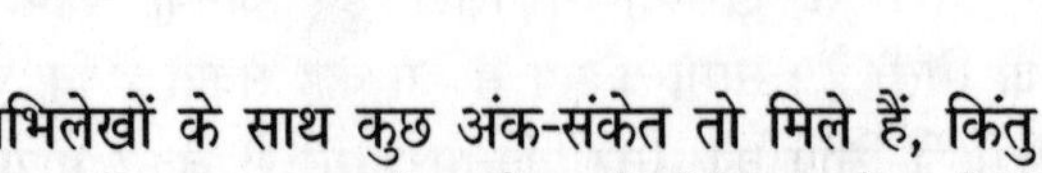

4 6 50 200

अशोक के लगभग सौ साल बाद नासिक के पास की नानाघाट गुफा में जो लेख खोदा गया था, उसके ब्राह्मी अंक-संकेत हैं :

अभी इन अंक-संकेतों में शून्य के लिए कोई संकेत नहीं है और न यह अंक-पद्धति स्थानमान युक्त ही है। शून्य संकेत सहित किसी भी दशमिक स्थानमान अंक-पद्धति का काम केवल दस अंक-संकेतों से चल जाता है। भारत में शून्य तथा स्थानमान पद्धति का आविष्कार होने के बाद, इन्हीं पुराने ब्राह्मी अंक-संकेतों से केवल 9 अंक-संकेत–1 से 9 तक के अंकों के संकेत–चुनना एक स्वाभाविक बात थी। शून्य युक्त स्थानमान अंक-पद्धति का आविष्कार किसी अन्य देश में हुआ होता, तो हम इस आविष्कार के साथ दस अंक-संकेत भी बाहर के ले लेते। लेकिन जब आविष्कार देश में ही हुआ और 1 से 9 तक की संख्याओं के अंक-संकेत पहले से ही मौजूद थे, तो यही ब्राह्मी संकेत इस नए आविष्कार के लिए अपनाए गए। केवल यही एक प्रमाण शून्य एवं स्थानमान पद्धति की भारतीय उत्पति के लिए एक ज्वलंत प्रमाण है।

आज यूरोप की भाषाओं के साथ जिन अंकों का इस्तेमाल होता है और जिन्हें आज हमने भारतीय अंतर्राष्ट्रीय अंकों का नाम दिया है, उनका स्रोत भी ईसा की आरंभिक शताब्दियों के ब्राह्मी अंक-संकेत ही हैं।

शून्य तथा स्थानमान पद्धति का आविष्कार

अभिलेखों में स्थानमान पद्धति का सर्वप्रथम प्रयोग छठी सदी के उत्तरार्ध का है। वस्तुतः भारतीय साहित्य में शून्य एवं स्थानमान पद्धति के उल्लेख

इससे अधिक प्राचीन हैं। आचार्य पिंगल के छंदःसूत्र के एक उदाहरण में "शून्य" शब्द का प्रयोग हुआ है किंतु उस समय यदि शून्य के लिए कोई संकेत रहा हो, तो वह कैसा था, यह जानने के लिए आज कोई साधन नहीं है।

पाकिस्तान के यूसफ़ज़ई जिले के भक्षाली गांव में गणित की एक हस्तलिपि मिली थी। इस हस्तलिपि में शून्य एवं स्थानमान-युक्त नवीन शैली के अंकों का प्रयोग हुआ है। इस हस्तलिपि के संपादक प्रसिद्ध विद्वान डा. हॉर्नले इस हस्तलिपि का रचना-काल ईसा की तीसरी या चौथी शताब्दी मानते हैं। कुछ अन्य विद्वान हॉर्नले के इस मत से सहमत नहीं हैं। इसलिए डा. वूलर ने लिखा था, "यदि हॉर्नले का अंकगणित की इस कृति के रचना-काल के बारे में व्यक्त संभावित अनुमान सही है, तो इस नवीन अंक-पद्धति के आविष्कार का समय ईसा के आरंभ काल या इससे भी पहले का सिद्ध होता है।" (इंडियन पेलिओग्राफी, पृ. 125)। इस भक्षाली हस्तलिपि के अंक-संकेत है :

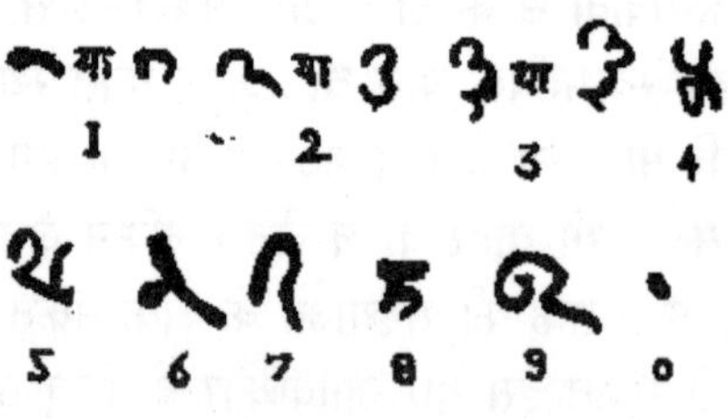

प्रसिद्ध ज्योतिषी वराहमिहिर ने अपने 'पंचसिद्धांतिका' (लगभग 550 ई.) ग्रंथ में शून्य का अनेक बार प्रयोग किया है। वराहमिहिर के समकालीन जैन लेखक जिनभद्र गणि ने भी शून्य-युक्त संख्याओं के कई उदाहरण दिए हैं। महाकवि सुबंधु के काव्य ग्रंथ 'वासवदत्ता' में एक स्थान पर तारों की उपमा शून्य बिंदुओं से दी गई है। अतः यही संभव जान पड़ता है कि शुरू से ही शून्य के लिए बिंदु का चिह्न रहा है। भक्षाली हस्तलिपि में भी शून्य के लिए बिंदु ही मिलता है।

स्थानमान युक्त दशमिक अंक-पद्धति का सर्वप्रथम प्रयोग जिस अभिलेख में मिलता है, वह है संखेड़ा से प्राप्त किसी गुर्जर-वंशी राजा का दानपात्र। यह दानपत्र कलचुरि-संवत् 346 (ई. स. 595) का है। इसमें

तिथि लिखी है : "संवत्सरशतत्रयंये षट्चत्वारिंशोशदुत्तरके। 346"। यहां स्थानमान शैली के अंकों का प्रयोग तो हुआ है, किंतु इन अंकों में शून्य नहीं आया है।

सबसे पहले जिस पुरालेख में शून्य के लिए संकेत मिलता है, वह है 8वीं शताब्दी का जयवर्धन द्वितीय का राघोली दानपत्र। इस लेख में संख्या 30 दशमिक पद्धति में है और शून्य के लिए लघुवृत्त का चिह्न है। भोजदेव के काल के एक लेख (870 ई.) में 1 से 26 तक श्लोकों की संख्या दशमलव संकेतों में दी गई है और यहां भी शून्य के लिए लघुवृत्त का संकेत है।

दशमिक स्थानमान पद्धति के अंकों का प्रयोग सुदूर पूर्व के भारतीय उपनिवेशों में भी देखने को मिलता है। ये अभिलेख सातवीं शताब्दी के हैं और श्रीविजय, पोलंबंग (सुमात्रा) तथा बंका द्वीप से मिले हैं। इनमें शकाब्द 605, 606 और 608 दशमिक अंक-पद्धति में लिखे गए हैं। इनके अलावा कंबोडिया के संबोर नगर से एक पुरालेख मिला है, जिनमें "शकाब्द 605" इन नवीन शैली के अंकों में है। इसी प्रकार, चंपा द्वीप के पो नगर का एक पुरालेख, जो शकाब्द 735 का है, इन्हीं नए अंकों में है।

इन उदाहरणों से पता चलता है कि भारतीय अभिलेखों में पहली बार दशमिक अंकों का प्रयोग होने के बाद, सौ साल के भीतर ही यह नई अंक-पद्धति भारतीय लोगों के साथ सुदूरपूर्व के देशों में फैल गई थी। लेकिन भारत में नवीन तथा प्राचीन दोनों ही अंक-प्रणालियों का प्रयोग 10वीं शताब्दी तक साथ-साथ चलता रहा। इसके बाद सर्वत्र नवीन शैली के अंकों का ही प्रयोग देखने को मिलता है।

उपर्युक्त साहित्यिक एवं पुरालेख संबंधी प्रमाणों पर विचार करने से किसी को भी यह स्पष्ट हो सकता है कि ईसा की प्रथम शताब्दी में, भारत में शून्य युक्त स्थानमान अंक-पद्धति का आविष्कार हो चुका था। इस आविष्कार के बाद भी चार-पांच सौ साल तक पुरानी शैली के ही अंकों का प्रयोग होते रहना एक स्वाभाविक बात है। पुरातन का मोह, भारत में ही नहीं, सभी देशों में देखने को मिलता है। यूरोप के देश 11वीं शताब्दी में भारतीय अंक-पद्धति से परिचित हो गए थे, फिर भी 17वीं शताब्दी तक उन्होंने अवैज्ञानिक रोमन अंक-पद्धति का मोह नहीं छोड़ा।

शून्य युक्त इस दशमिक स्थानमान अंक-पद्धति का आविष्कार किस पंडित ने, किस स्थान पर और ठीक किस साल किया, इसके बारे में हमें कहीं भी कोई जानकारी नहीं मिलती।

इस नवीन भारतीय अंक प्रणाली के साथ, पहले अरब देशों की और बाद में यूरोप के देशों की सैर पर निकलने के पहले, भारत की ही अन्य दो-तीन अंक-पद्धतियों का अल्प परिचय प्राप्त कर लेना उचित होगा।

शब्दांक पद्धति

प्राचीन भारत में गणित और ज्योतिष के ग्रंथ भी पद्य में लिखे जाते थे। इन ग्रंथों में अंक-संकेतों से काम नहीं चल सकता था। इसलिए ईसा की आरंभिक शताब्दियों में एक शब्दांक-पद्धति अस्तित्व में आई। इस पद्धति के अनुसार, संख्याओं को ऐसे शब्दों से सूचित किया जाता था जो शास्त्रों के अनुसार अंकबोधक होते थे; जैसे, पृथ्वी, चंद्र आदि, एक-एक होने के कारण, अंक 1 के बोधक होते थे; हाथ, आंख आदि जोड़े होने के कारण अंक 2 के बोधक थे, इत्यादि।

स्पष्ट है कि इस पद्धति में एक संख्या को कई प्रकार से व्यक्त किया जा सकता है और इसीलिए कवियों के लिए यह अंक-पद्धति बड़ी सुविधाजनक थी। जैसे, 1230 संख्या को निम्नप्रकार से व्यक्त किया जा सकता है :

1. खगुणकरादि (ख-गुण-कर-आदि)
2. खलोककर्णचंद्र (ख-लोक-कर्ण-चंद्र)
3. आकाशकालनेत्रधरा (आकाश-काल-नेत्र-धरा) आदि।

इन उदाहरणों से यह भी पता चलेगा कि इस शब्दांक पद्धति में अंक दाईं ओर से बाईं ओर को व्यक्त होते थे। साहित्य में और अभिलेखों में 1 से 49 तक ही संख्याओं के लिए इस प्रकार के शब्दांक मिलते हैं। इन शब्दों का प्रयोग अधिकतर स्थानमान के साथ ही हुआ है। कंबोडिया के कुछ पुरालेखों में भी इन शब्दांक-पद्धति का प्रयोग हुआ है।

अक्षरांक पद्धति

पहले हम बता चुके हैं कि यूनानी अंक-पद्धति वस्तुतः अक्षरांक-पद्धति थी। भारत में भी 5वीं शताब्दी के आगे संस्कृत की वर्णमाला के आधार पर कई अक्षरांक-पद्धतियों का निर्माण किया गया था। किंतु जहां यूनानी अक्षरांक-पद्धति का प्रयोग जनसाधारण में भी होता था, वहां भारतीय अक्षरांक-पद्धतियों का प्रयोग केवल पंडितों तक ही सीमित रहा।

सर्वप्रथम प्रसिद्ध ज्योतिषी **आर्यभट** ने अपने 'आर्यभटीय' ग्रंथ में, जिसकी रचना 499 ई. में हुई थी, एक अक्षरांक-पद्धति को जन्म दिया था। यहां आर्यभट की इस अक्षरांक-पद्धति के हम केवल दो उदाहरण देते हैं :

'चयगियिङु.शुछ्लृ'

च	=	6
य	=	30
गि	=	300
यि	=	3000
ङु	=	50000
शु	=	700000
छ्लृ	=	57000000
		57753336

'ङि.शिबुण्लृख्षृ'

ङि.	=	500
शि	=	7000
बु	=	230000
ण्लृ	=	1500000000
ख्षु	=	82000000
		1582237500

इन दो उदाहरणों से ही स्पष्ट हो जाएगा कि आर्यभट की यह अक्षरांक-पद्धति बड़ी जटिल थी। कुछ संख्याओं के शब्दों का तो उच्चारण करना भी संभव नहीं था।

अक्षरांक-पद्धति का एक सुधरा हुआ प्रकार **कटपयादि-पद्धति** के नाम से प्रसिद्ध है। इसमें वर्णमाला के व्यंजनों को 1 से 9 तक के अंकों के मान दिए गए हैं और शून्य के लिए...एवं केवल स्वरों का प्रयोग होता था। यह पद्धति स्थानमान-सिद्धांत पर आधारित थी और इसमें उतनी दिक्कत नहीं

थी जितनी कि आर्यभट की अक्षरांक-पद्धति में थी। इसमें शब्द प्रायः सार्थक और मधुर बनते हैं, जैसे :

2	4	4	1	
रा	घ	वा	य	= 1442
6	4	3	1	
त	त्वा	लो	के	= 1346, इत्यादि

अक्षरपल्ली

प्राचीन हस्तलिपियों में पृष्ठों की संख्याओं को सूचित करने के लिए प्रायः उसी लिपि के अक्षरों का इस्तेमाल होता था जिसमें यह हस्तलिपि लिखी होती थी। **'अंकपल्ली'** (दशमिक अंक-पद्धति) से स्पष्ट करने के लिए जैनियों ने इसे यह **'अक्षरपल्ली'** नाम दिया था। अक्षरपल्ली अंक-पद्धति में अक्षरों के आकार प्रकार के बारे में कोई तारतम्य नहीं था। वैसे यह पद्धति बहुत प्राचीन है और जैन हस्तलिपियों में 16वीं शताब्दी तक इसका प्रयोग देखने को मिलता है। मलाबार में तो अभी पिछली शताब्दी के अंत समय तक एक प्रकार की अक्षरपल्ली का प्रयोग होता रहा। कुछ हस्तलिपियों में अक्षरों के साथ-साथ दशमलव-पद्धति के अंक-संकेतों का भी प्रयोग देखने को मिलता है, यथा :

	ला		सु		सु	
33 =	3,	100 =	0,	131 =	ला	आदि
	0		1			

संक्षेप में, यही है भारतीय अंक-पद्धतियों का परिचय। इस परिचय से स्पष्ट हो जाता है कि भारत में कई प्रकार की अंक-पद्धतियों का प्रचलन रहा है। दशमिक स्थानमान अंक-पद्धति का आविष्कार होने पर भी हमारे यहां पुरानी अंक-पद्धतियों का शताब्दियों तक इस्तेमाल होता रहा। इसे हम पुरातन के मोह के अलावा और क्या कहें?

अब हमें भारतीय अंक-पद्धति और अंक-संकेतों के साथ अरब तथा यूरोप के देशों की यात्रा करनी है।

भूमध्यसागरीय देशों में भारतीय अंक

622 ई. में मुहम्मद साहब के मक्का से मदीना पलायन करने के साथ अरब लोगों का क्रमबद्ध इतिहास आरंभ होता है। अरब साहित्य एवं विज्ञान की नींव डाली गई 750 और 850 ई. के बीच, जबकि यूनानी एवं भारतीय ग्रंथों के अरबी में अनुवाद हुए। इसी समय अरब लोग भारतीय विज्ञान के साथ-साथ भारतीय अंकों के संपर्क में आए।

लेकिन अरबों के भी पहले अलेक्जेंड्रिया के निवासी भारतीय अंकों के संपर्क में आ चुके थे। अरबों के भी बहुत पहले पश्चिम एशिया के देशों में और भूमध्यसागरीय देशों में भारतीय, अंकों की ख्याति फैल चुकी थी। ईसा की आरम्भिक शताब्दियों में अलेक्जेंड्रिया के साथ भारत के व्यापारिक संबंध थे। भारतीय सामान और व्यापारियों के साथ वहां भारतीय अंकों का अपनाना एक स्वाभाविक बात थी। पाश्चात्य विद्वान भी यह स्वीकार करते हैं कि ईसा की पहली-दूसरी शताब्दी में भारतीय अंक अलेक्जेंड्रिया पहुंच चुके थे। लेकिन ये अंक-संकेत शून्य सहित और स्थानमान-युक्त थे या नहीं, इस प्रश्न को लेकर वाद-विवाद है।

एक यूरोपीय गणितज्ञ बोयेथियस (लगभग 510 ई.) की क्षेत्रगणित के बारे में एक हस्तलिपि मिली है, जो दसवीं शताब्दी की मानी जाती है। इस पुस्तक की कई हस्तलिपियां उपलब्ध हैं। इनमें अनेक स्थानों पर भारतीय अंकों का प्रयोग हुआ है और कुछ हस्तलिपियों में शून्य भी मिलता है। ये हस्तलिपियां यदि मूल पुस्तक की प्रामाणिक प्रतियां हैं, तो हमें स्वीकार करना पड़ेगा कि 500 ई. के पहले भारतीय अंक दक्षिणी यूरोप में पहुंच गए थे।

अरबों के भी बहुत पहले पश्चिमी एशिया के देशों में भारतीय अंकों की कीर्ति फैल गई थी। इसके लिए सशक्त प्रमाण है सीरिया देश के एक विद्वान सेवेरुस सेबोख्त (662 ई.) का कथन। सेबोख्त फरात नदी के तट पर एक ईसाई मठ में रहता था। यूनानी विद्वान सीरियाई ज्ञान को नीची निगाह से देखते थे। इससे सेबोख्त बड़ा आहत था। वह कहता था कि खल्दियन लोग यूनानियों के गुरु थे और सीरियाई लोग मूलतः खल्दियन ही हैं। इसी संदर्भ में, वह यूनानियों का घमंड चूर करने के लिए, हिंद के अंकों के बारे में कहता है :

"मैं भारतीयों के शास्त्रों के सारे विवेचन को छोड़ देता हूं—उन भारतीयों के जो सीरियाई लोगों से भिन्न हैं—न उनकी ज्योतिष विषयक विलक्षण गवेषणाओं के विषय में कहूंगा जो यूनानी लोगों की गवेशणाओं की अपेक्षा अधिक कौशलपूर्ण हैं, और न उनकी वर्णनातीत गणना के विषय में ही। मैं केवल यही कहना चाहता हूं कि यह गणना नौ चिह्नों की सहायता से की जाती है। यदि वे लोग, जो केवल यूनानी भाषा बोलने के कारण ही यह समझते हैं कि वे विद्या की सीमा पर पहुंच गए हैं, इन बातों को जानें तो उन्हें विश्वास हो जाएगा कि उन लोगों के अतिरिक्त भी ऐसे लोग हैं जो कुछ जानते हैं।"

भारतीय अंकों के बारे में यह प्रामाणिक उल्लेख अत्यंत महत्व का है। सेबोख्त ने यहां नौ अंकों की चर्चा की है। वैसे आज भी शून्य को प्रायः अंक-संकेत नहीं माना जाता, इसलिए सेबोख्त ने नौ ही अंक-संकेतों का उल्लेख किया है। नौ अंक-संकेतों का उल्लेख यह भी सिद्ध करता है कि सेबोख्त को जिस भारतीय अंक-पद्धति का परिचय मिला, वह दशमिक स्थानमान अंक-पद्धति थी। भारत की यह वैशिष्ट्यपूर्ण अंक-पद्धति उसके सामने थी इसीलिए उसने यूनानियों का गर्व चूर करने के लिए इसका उल्लेख किया है। अतः यह निर्विवाद सिद्ध होता है कि ईसा की सातवीं शताब्दी के आरंभ में भारतीय अंक-पद्धति की ख्याति फरात नदी के तट पर पहुंच चुकी थी।

अरबों को सर्वप्रथम जिन भारतीय अंकों का परिचय मिला, वे अलक्जेंड्रिया और पश्चिमी एशिया में पहुंचे हुए भारतीय अंक-संकेत थे। बगदाद के खलीफाओं के दरबार में सीरियाई विद्वान अनुवादक का कार्य करते थे। इन्हीं के माध्यम से अरबों में सर्वप्रथम भारतीय अंकों का प्रचार हुआ था। अरब लोग इन भारतीय अंक-संकेतों को गुबार-अंक (हरूफ़ अल् गुबार) कहते थे। यही गुबार अंक-संकेत कालांतर में अरबों (मूरों) के साथ स्पेन में पहुंचे थे। गुबार का अर्थ है धूलि। धूलि पर इन अंक-संकेतों के साथ गणनाएं होती होंगी, इसीलिए यह नाम पड़ा। हमारे देश में भी प्राचीन समय में जमीन या फलक पर धूल बिछाकर उंगली से अंक-संकेत लिखे जाते थे, इसीलिए प्राचीन गणित-साहित्य में पाटीगणित के लिए 'धूलिकर्म' शब्द का भी प्रयोग मिलता है।

अरब देशों में भारतीय अंक

अरब के खलीफ़ाओं का मिस्र और पश्चिमी एशिया पर जब शासन आरंभ हुआ, तो उनके पास अपने कोई संतोषजनक अंक-संकेत नहीं थे। मिस्र में कॉप्टिक अंक और सीरिया में यूनानी अंकों का प्रचलन था। इसीलिए खलीफा वालिद (699 ई.) ने अपनी राजघोषणा में यूनानी लिपि का प्रयोग तो रुकवा दिया था, किंतु यूनानी अंकों को कायम रखा। इसी समय सेबोख्त जैसे विद्वानों से और अलेक्जेंड्रिया से अरबों को भारतीय अंकों का ज्ञान हुआ होगा, किंतु भारतीय अंक-पद्धति को, इसकी अमूर्त धारणा के कारण, आरंभ में वे समझ नहीं पाए। इस बीच अरबों के अपने 'अबजद' अंक-संकेत भी अस्तित्व में आ गए थे। अरबों को भारतीय अंक-पद्धति का सही ज्ञान तब हुआ जब कुछ भारतीय विद्वान संस्कृत ग्रंथों के साथ बगदाद पहुंचे।

खलीफा अलमंसूर (752-774 ई.) के शासन-काल में सिंध से बगदाद कुछ दूत गए थे, जिनमें कुछ भारतीय पंडित भी थे। पता चलता है कि ये अपने साथ ब्रह्मगुप्त (628 ई.) द्वारा लिखित 'ब्राह्म-स्फुट-सिद्धांत' और 'खंडखाद्य' ग्रंथ ले गए थे। तब कुछ अरबी विद्वानों की सहायता से इन ग्रंथों का अरबी में अनुवाद हुआ था। अरबी विद्वानों के साथ भारतीय विद्वानों का सीधा संबंध स्थापित होने का यह पहला अवसर था। इसी समय अरबों को भारतीय अंक-पद्धति का असली परिचय मिला। किंतु इससे पहले ही भारतीय उत्पत्ति के गुबार अंक अरब देश में प्रसिद्ध थे। इसलिए भारतीय अंक-पद्धति को पूर्ण रूप से अपनाने का अवसर आया, तो एक नया शून्य-संकेत लेकर शेष अंकों के लिए पुराने गुबार अंक-संकेत ही अपनाए गए।

अरबी लिपि दाईं ओर से बाईं ओर को लिखी जाती है। इसलिए ये गुबार अंक अरबों के लिए कुछ दिक्कत के ही थे। अतः उन्होंने इन्हीं गुबार अंकों के आधार पर दाईं ओर से बाईं ओर को लिखने के लिए नए अंक बनाए, जिनका प्रयोग अधिकतर पूर्वी अरब प्रदेशों में होता था। पश्चिमी अरब में गुबार अंकों का ही प्रयोग चलता रहा। और बाद में पश्चिमी एशिया के यही गुबार अंक-संकेत मूरों के हाथों यूरोप में पहुंचे।

अरब में प्रचलित गुबार अंक निम्न प्रकार के थे। (दाईं ओर से बाईं ओर को) :

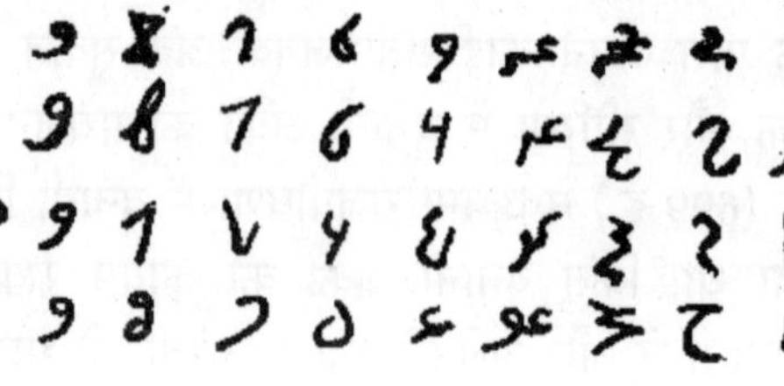

इन्हीं के आधार पर बने अरबी के अंक संकेत हैं

٠٩٨٧٦٥٤٣٢١

प्रसिद्ध गणितज्ञ अल्-ख्वारिज़्मी (825 ई.) ने गुबार अंकों का ही इस्तेमाल किया था। उसने इन अंकों के महत्व को समझाकर इनके बारे में एक पुस्तक भी लिखी थी, जिसका बाथ के एदेलार्द (लग. 1120 ई.) ने लैटिन में 'लिबेर अल्गोरिज्मी ने नूमेरो इंदोरम' (हिंद के अंकों पर अल्-ख्वारिज्मी की पुस्तक) शीर्षक से अनुवाद किया था। अन्य अरबी लेखकों के भी भारतीय अंकों के बारे में अनेकानेक उल्लेख मिलते हैं। इब्न वहसिया (855 ई.) तीन प्रकार के भारतीय अंकों का उल्लेख करता है। अरब दार्शनिक जाहिज (मृत्यु 869 ई.) अंकों को 'हिंद के स्वरूप' कहता है और पूछता है कि–हिंद के स्वरूपों का आविष्कारक कौन है? अबुल हसन अल्-मसौदी 912 ई. में मुल्तान आया था। वह लिखता है कि–ब्रह्मा के आदेश से ऋषियों ने नौ अंकों का निर्माण किया था।

मध्य एशिया का विद्वान अल्-बेरूनी लगभग तेरह साल (1017-30 ई.) भारत में रहकर यहां के ज्ञान-विज्ञान का अध्ययन करता रहा। उसने हिंद के अंकों के बारे में दो पुस्तकें भी लिखी थीं। अपने 'तारीख अल् हिंद' (भारत का इतिहास) ग्रंथ में वह लिखता है–जिस प्रकार में भिन्न-भिन्न स्थानों में वर्णमाला के आकार भिन्न-भिन्न हैं, ठीक उसी प्रकार अंकों के

आकारों में भी भिन्नता है। हम लोग जिन अंकों का प्रयोग करते हैं, वे हिंद के अंकों के सर्वोत्तम आकारों से व्युत्पन्न हैं। अन्य स्थान पर वह लिखता है—मैंने एक पुस्तक लिखी है जिसमें मैंने बतलाया है कि हिंद के लोग इस विषय में हम लोगों से कितने आगे हैं। अल्-बेरूनी ने इन नए अंकों को 'अल अरकाम अल हिंद' (हिंद के अंक) कहा है।

अल-कलसादी (मृत्यु 1486 ई.) का कथन है : "ये नौ चिह्न जो गुबार (धूल) के चिह्न कहलाते हैं, वे चिह्न हैं जो हमारे स्पेन के प्रांतों तथा पश्चिम और अफ्रीका के देशों में बहुधा प्रयोग किए जाते हैं। इनकी उत्पति परंपरा से भारत के एक व्यक्ति को आरोपित की गई है। लोगों का कथन है कि उस व्यक्ति ने कुछ बारीक धूल लेकर एक पटरे पर फैला दी और लोगों को गुणा, भाग तथा गणित की अन्य क्रियाएं सिखाईं।"

उपर्युक्त उल्लेख से पता चलता है कि अरबों के माध्यम से स्पेन में पहुंचे हुए अंक-संकेत भारतीय उत्पति के ही थे। अब इन्हीं अंकों की खोज में हम यूरोप पहुंचेंगे।

यूरोप में भारतीय अंक

पश्चिम यूरोप में गॉथ लोगों की शक्ति क्षीण पड़ जाने पर 8वीं शताब्दी के पूर्वार्ध में अरबों ने स्पेन पर अधिकार कर लिया था। स्पेन पर अधिकार करने वाले ये अरब ही मूर कहलाते हैं। प्राचीन यूनानी और भारतीय ज्ञान से अब अरब भी ज्ञान-विज्ञान के क्षेत्र में आगे बढ़ते जा रहे थे। मूरों ने स्पेन में कारदोवा, ग्रेनेदा, तोलेदो आदि स्थानों में विद्या के प्रसिद्ध केंद्र स्थापित किए थे। इन्हीं विद्याकेंद्रों में ईसाई लोग अरबी विज्ञान के संपर्क में आए। पहले पहल अरबी के माध्यम से ही यूरोपवालों को यूनानी संस्कृति का ज्ञान हुआ था। भारतीय अंक-पद्धति का परिचय भी उन्हें मूर विद्वानों से ही मिला। यह भी संभव है कि स्पेन के पहले व्यापारी-मार्ग से भारतीय अंक पहले ही इटली में पहुंच गए हों।

जो भी हो, भारतीय उत्पत्ति के गुबार अंकों का विधिवत उल्लेख करने वाला पहला यूरोपीय व्यक्ति है गेर्बर्ट नाम का एक फ्रांसीसी विद्वान। गेर्बर्ट बाद में (999 ई.) सिल्वेस्तर द्वितीय के नाम से पोप भी निर्वाचित हुआ था।

967 ई. में वह स्पेन गया था और संभव है कि वहां बार्सोलोना के विद्या-केंद्र में उसने गुबार अंकों का परिचय प्राप्त किया हो। वह इटली में भी कई उच्च पदों पर रह चुका था। यह भी संभव है कि व्यापारी मार्ग से इटली में पहुंचे गुबार अंकों का ही उसे परिचय मिला हो। वस्तुतः गेर्बर्ट ने अपने ग्रंथ में रोमन अंकों का ही इस्तेमाल किया है। उसे ये गुबार अंक अधिक अच्छे नहीं लगे थे। लेकिन एबैकस की गणना में उसने गुबार 'संकेतों' का प्रयोग किया था।

यूरोप की जिस प्राचीनतम हस्तलिपि में भारतीय अंक मिलते हैं, वह स्पेन में 976 ई. में लिखी गई थी। सेवाइल के आइसोदोर की 'ओरिजिन्स' पुस्तक की इन हस्तलिपि का प्रथम अध्याय रोमन अंकों से संबंधित है और इसी के परिशिष्ट में गुबार अंकों का परिचय है। इसी पुस्तक की स्पेनिश प्रतिलिपि (992 ई.) में भी उसी स्थान पर गुबार अंक दिए गए हैं। इनमें केवल 9 संकेत हैं, शून्य संकेत नहीं है। आइसोदोरस इन अंकों का परिचय देते हुए कहता है : "ऐसा ही अंकगणित के चिह्नों के विषय में है। यहां यह देखने योग्य है कि भारतीयों की बुद्धि अत्यंत प्रखर है। अन्य राष्ट्र अंकगणित, क्षेत्रगणित तथा ललित-कलाओं में उनसे हीन हैं। उनके नौ अंक-चिह्नों से तो यह स्पष्ट ही है, जिनका प्रयोग करके वे किसी भी बड़ी-से-बड़ी संख्या को व्यक्त कर सकते हैं।" इन अंकों के आकार ये हैं–

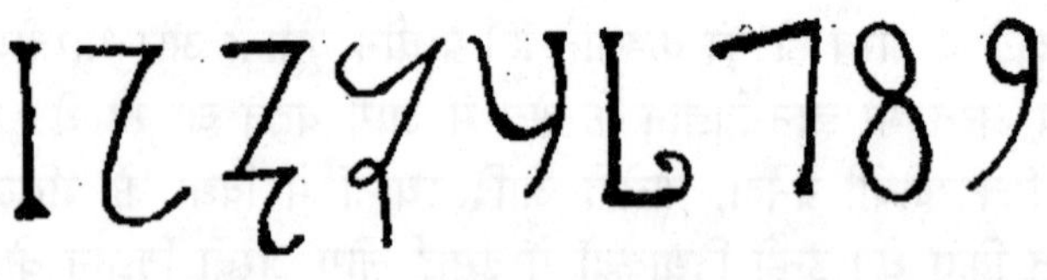

रब्बी बेन इज़रा (1092-1167 ई.) अपने ग्रंथ सिफर-ह-मिस्टर (अंकों की पुस्तक) में लिखता है कि भारत के विद्वानों ने अपने संपूर्ण अंकों को 9 के द्वारा विशेषित किया है। इन उल्लेखों से पता चलता है कि 9वीं और 10वीं शताब्दी में यूरोपवालों को जिन भारतीय अंकों का परिचय मिला, वह स्थानमान युक्त दशमिक अंक-पद्धति ही थी।

लेकिन भारतीय अंकों का यूरोप में सर्वाधिक प्रचार करने का महान श्रेय प्राप्त है, महान गणितज्ञ पीसा के 'लियोनार्दो फिबो नकी' को। पीसा

उस समय एक प्रसिद्ध व्यापारी केंद्र था। लियोनार्दो के पिता बुगिया (अफ्रीका के उत्तरी तट पर) में एक आढ़तिया थे। यहीं पर एक मूरिश पंडित से लियोनार्दो को आरंभिक शिक्षा मिली थी। तरुणावस्था में उसने मिस्र, यूनान, सीरिया, सिसिली, फ्रांस आदि देशों की यात्राएं करके विद्वानों से संपर्क स्थापित किया था। इन्हीं यात्राओं में उसने विभिन्न देशों के व्यापारियों की अंक-पद्धतियों का परिचय प्राप्त किया। उसका कहना है कि हिंद अंक-पद्धति के सामने शेष सभी अंक-पद्धतियां निम्नकोटि की है। पीसा लौटाने पर 1202 ई. में उसने 'लिबेर एबकी' नाम से एक पुस्तक लिखी, जिसे 1228 ई. में उसने पुनः लिखा। इस पुस्तक में उसने भारतीय अंकों का इस्तेमाल करके इनका परिचय दिया है। लेकिन लियोनार्दो के समय में यूरोप में उनकी इस पुस्तक का बहुत स्वागत नहीं हुआ। इसका प्रमुख कारण यह है कि भारतीय अंक-पद्धति जनसाधारण और व्यापारियों के लिए अभी काफी जटिल थी। लेकिन बाद में जब इस नई अंक-पद्धति का महत्व समझ मे आया, तो 'फिबोनकी' के ग्रंथ का खूब प्रचार हुआ।

पीसा के लियोनार्दो की तरह ही अलेक्ज़ेंदर द विला दाई (लगभग 1240 ई.) ने भी यूरोप में भारतीय अंकों के प्रचार में महत्वपूर्ण योग दिया है। यह विद्वान अपने एक ग्रंथ में कहता है–"यह पुस्तक जनसाधारण के उच्चारण के अनुसार अलगोरिम या आगरिम कहलाती है। इसका विषय अंकविद्या है, जिसे अलगोरिम भी कहते हैं। भारत में अलगोर नाम का एक राजा था। उसी ने इस अलगोरिम विद्या का आविष्कार किया था। इस विद्या में हम हिंदुओं के दस अंक-चिह्नों का प्रयोग करते हैं।

वस्तुतः 'अलगोरिम' शब्द 'अल ख्वारिज्मी' शब्द से व्युत्पन्न है। हम पहले बता चुके हैं कि अरबी गणितज्ञ अल-ख्वारिज्मी ने भारतीय अंकों पर एक पुस्तक लिखी थी। इस पुस्तक का लैटिन में अनुवाद होने पर भारतीय अंकों के लिए यूरोप में अलगोरिम शब्द रूढ़ हो गया था। अरबों ने भारतीय अंकों को हमेशा 'हिंदसा' कह कर याद किया है। यूरोपीय विद्वान भी जानते थे कि ये अंक उन्हें मूलतः भारत से ही मिले हैं। मैक्सिमस प्लानुदेस (लगभग 1330 ई.) लिखता है "9 अंक-चिह्न भारतीयों से प्राप्त हुए हैं।"

नीचे हम 12वीं शताब्दी से 1442 ई. तक यूरोप में प्रचलित भारतीय अंक दे रहे हैं।

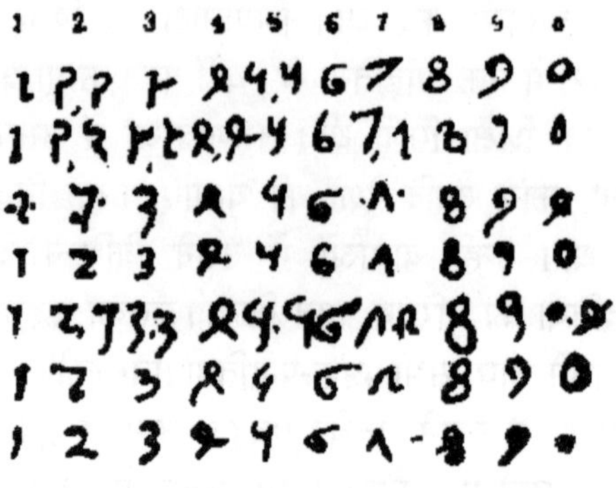

12वीं शताब्दी

1197 ई.

1275 ई.

1294 ई.

1303 ई.

1360 ई.

1442 ई. (लगभग)

15वीं शताब्दी में यूरोप में जब पुस्तकें छपनी शुरू हुईं, तो इन अंक-संकेतों के टाइप बने और तब इन्हें स्थिर रूप मिले। 15वीं शताब्दी में ही 4 और 5 के अंक-संकेतों में थोड़ा-सा अंतर किया गया था। तब से अब तक इनमें जो थोड़ा-सा अंतर आया है, वह टाइपों की डिजाइन के कारण ही।

यूरोप के गणितज्ञों ने यद्यपि भारतीय अंकों का शुरू में ही स्वागत किया था, फिर भी सामान्य जनता अभी रोमन अंकों का ही इस्तेमाल करती थी। बहीखातों में 18वीं शताब्दी तक रोमन अंकों का ही इस्तेमाल होता था। 1300 ई. में तो यूरोप की कुछ नगरों के बैंकों में भारतीय अंकों का प्रयोग गैर-कानूनी करार दिया गया था। इस कानून के लिए तर्क यह पेश किया गया था कि 0 को केवल एक लकीर से आसनी से 6 और 9 में बदला जा सकता है। लगभग 1600 ई. तक यूरोप के स्कूलों में रोमन-अंकों का ही प्रयोग होता था। लेकिन इसके बाद भारतीय अंक सर्वत्र अपना लिए गए।

आज सारे यूरोप की सारी भाषाओं के साथ इन भारतीय अंकों का ही प्रयोग होता है। अब ये 'अंतर्राष्ट्रीय अंक' बन गए हैं। हमारे संविधान में इन्हें 'भारतीय अंतर्राष्ट्रीय अंकों' का नाम देकर इन्हें पुनः 'राष्ट्रीय अंकों' के रूप में स्वीकार किया गया है।

जिन भारतीय अंकों ने आज संसार के सारे देशों को एक सूत्र में बांधा है, क्या उन्हीं अंकों को आज हम अस्वीकार करेंगे?

प्राचीन भारत में आयुर्वेद का विकास

आदिम मानव जड़ी-बूटियों से अपना इलाज करता था। उसने चिकित्सा के कई उपाय खोज लिए थे। अतः आयुर्वेद बहुत पुराना विज्ञान है। आयुर्वेद शब्द का अर्थ है—दीर्घायु प्राप्त करने का ज्ञान।

प्राचीन भारत की सिंधु सभ्यता के नगरों में सफ़ाई की उत्तम व्यवस्था थी। कूड़ा-कचरा फेंकने के लिए मकानों के बाहर ईंटों के गड्ढे होते थे, जिनकी सफ़ाई नगर-पालिका की ओर से होती थी। सिंधु सभ्यता के मोहनजोदड़ो और हड़प्पा जैसे नगरों में चिकित्सालय रहे होंगे और पशु-चिकित्सा का भी प्रबंध रहा होगा।

ऋग्वेद और अथर्ववेद में हमें वैदिककालीन चिकित्सा-ज्ञान के बारे में कुछ जानकारी मिलती है। ऋग्वेद में 'भेषज' शब्द आया है और वहां वरुण, रुद्र और अश्विनीकुमारी को भिषक् (वैद्य) कहा गया है। वेदों में अश्विनी कुमारों के चमत्कारिक इलाजों के अनेक उल्लेख मिलते हैं। उन्हें देवताओं के वैद्य माना गया था, इसलिए उनके बारे में यह चमत्कारिक वर्णन स्वाभाविक ही है।

अथर्ववेद में तत्कालीन चिकित्सा-पद्धति के बारे में कुछ अधिक जानकारी मिलती है। उस समय पुरोहित (अथर्वन्) ही वैद्य होते थे। उस समय औषधियों के साथ-साथ झाड़-फूंक को भी बड़ा महत्व दिया जाता था। अथर्ववेद में पिशाच, राक्षस आदि को रोगों का जनक माना गया है। वेदों में तक्मन् (ज्वर), आश्राव (दस्त), यदमा (तपेदिक), जलोदर, कोढ़ आदि रोगों के बारे में जानकारी मिलती है। आम जनता के अलावा उस समय के ऋषि-मुनि और उनके देवताओं को भी ये रोग होते थे।

धीरे-धीरे चिकित्सा-ज्ञान का विकास हुआ और इसने अपने को 'धर्म-कर्म से जुदा कर लिया। वैद्यों का स्वतंत्र पेशा अस्तित्व में आया। इतना ही नहीं, चिकित्सा की कई शाखाएं भी अस्तित्व में आईं और इन शाखाओं पर स्वतंत्र ग्रंथों की रचना हुई। प्राचीन भारत के चिकित्सा साहित्य में चरक-संहिता मुख्यतः औषधि-विज्ञान का ग्रंथ है और सुश्रुत-संहिता मुख्यतः शल्य-चिकित्सा (सर्जरी) का ग्रंथ है।

चरक-संहिता

संग्रह या संकलन को संहिता कहते हैं। अतः स्पष्ट है कि चरक-संहिता और सुश्रुत-संहिता में परंपरागत चिकित्सा-ज्ञान का संकलन हुआ है। सुश्रुत-संहिता की अपेक्षा चरक-संहिता कुछ अधिक प्राचीन ग्रंथ है।

औषध तैयार करते हुए चरक (कल्पना-चित्र)

चरक कौन थे, इसके बारे में हमें स्पष्ट जानकारी नहीं मिलती। चरक- संहिता के प्रत्येक अध्याय के आरंभ में लिखा हुआ है—इति ह स्पाह भगवानात्रेय (भगवान आत्रेय ने ऐसा कहा)। इसी प्रकार, प्रत्येक अध्याय के अंत में उल्लेख है—इत्याग्निवेशवृते तन्त्रे चरकप्रतिसंस्कृते (इस तंत्र की रचना अग्निवेश ने की और चरक ने इसको प्रतिसंस्कृत किया)। प्रतिसंस्कृत का अर्थ है—नई जानकारी के अनुसार घटा-बढ़ाकर शुद्ध करना।

अतः स्पष्ट है कि चरक-संहिता के निर्माता स्वयं चरक नहीं थे। चरक-संहिता में आयुर्वेद की शुरुआत ब्रह्मा से मानी गई है। ब्रह्मा से यह ज्ञान प्रजापति को मिला, प्रजापति से अश्विनी कुमारों को और अश्विनी कुमारों से इन्द्र को।

आत्रेय-पुनर्वसु अपने शिष्यों के साथ (कल्पना-चित्र)

आगे कहा गया कि भरद्वाज ऋषि ने इन्द्र से आयुर्वेद का ज्ञान प्राप्त किया। भरद्वाज के शिष्य थे आत्रेय-पुनर्वसु। आत्रेय-पुनर्वसु ने अपने छह शिष्यों को आयुर्वेद का उपदेश दिया। ये छह शिष्य थे—अग्निवेश, मेल, जतूकर्ण, पराशर, हारीत और क्षारपाणि।

इन शिष्यों ने आयुर्वेद के बारे में अपने-अपने तंत्र (ग्रंथ) की रचना की। आज मूल अग्निवेश-तंत्र नहीं मिलता। लेकिन चरक ने इसी तंत्र को शुद्ध किया है। यही है चरक-संहिता। चरक संभवतः कणिक के समय में ईसा की पहली सदी में हुए।

संस्कृत गद्य-पद्य में रचित चरक-संहिता आठ स्थानों अथवा खंडों में विभाजित है। इनमें से छठे स्थान (चिकित्सा स्थान) के 17 अध्याय तथा अंतिम दो स्थान (कल्पस्थान और सिद्धिस्थान) दृढ़बल नामक वैद्याचार्य ने लिखे हैं। दृढ़बल संभवतः ईसा की नौवीं सदी में हुए।

चरक-संहिता के आठ स्थानों में कुल 120 अध्याय हैं। पहले सूत्रस्थान में आयुर्वेद की उत्पत्ति, परंपरा, इसके लक्षण तथा उद्देश्य के बारे में जानकारी दी गई है। आगे खान-पान के नियम तथा वैद्य के गुण बतलाए गए हैं। आगे के निदान और विमान स्थानों में रोग तथा उनके लक्षणों के बारे में जानकारी दी गई है।

चौथे शरीर स्थान में शरीर की रचना तथा अवयवों के बारे में मोटी-मोटी जानकारी है। इसमें गर्भधारण तथा गर्भ के विकास के बारे में भी जानकारी दी गई है। पुरातन काल से ही गर्भधारणा एक रहस्यमय विषय रहा है। इसलिए शरीरस्थान के कुछ अध्यायों में आध्यात्मिक एवं दार्शनिक बातों का भी विवेचन है। आगे के इन्द्रियस्थान में असाध्य रोगों के बारे में जानकारी है।

छठे चिकित्सा स्थान में रसायन और वाजीकरण का विवेचन है। वाजीकरण उस विद्या को कहते हैं, जिससे आदमी घोड़े जैसी ताकत प्राप्त करता है। कल्पस्थान में वमन, विवेचन आदि द्रव्यों के बारे में जानकारी दी गई है और अंतिम सिद्धिस्थान में इनके असंतुलन से पैदा होनेवाले रोगों के बारे में जानकारी है।

चरक-संहिता काफ़ी बड़ा ग्रंथ है। इसमें उस समय तक प्राप्त प्रायः समस्त चिकित्सा-ज्ञान का समावेश हुआ है। इसमें आरोग्यशाला के निर्माण तथा इसकी व्यवस्था के बारे में बढ़िया जानकारी है। सूतिकागार की व्यवस्था के बारे में भी जानकारी दी गई है।

उस जमाने में भी ढोंगी वैद्य होते थे। चरक-संहिता में ऐसे वैद्यों से सावधान रहने का उपदेश है। उस जमाने में भी चिकित्सा का पेशा अपनाने वाले वैद्य अपने पेशे के प्रति वफ़ादार बने रहने की शपथ ग्रहण करते थे।

चरक-संहिता की सब बातों पर विचार करने से पता चलता है कि उस जमाने में चिकित्साशास्त्र अन्य विज्ञानों से काफ़ी आगे बढ़ा हुआ था। इस विज्ञान ने काफ़ी हद तक अपने को धर्म-कर्म से जुदा कर लिया था। यह

एक अनुभवजन्य एवं प्रायोगिक विज्ञान था। चरक-संहिता में एक स्थान पर कहा गया है कि वैद्य को जंगल में रहनेवाले तपस्वियों तथा गड़रियों से वनस्पतियों के बारे में जानकारी प्राप्त करनी चाहिए।

चरक-संहिता के जमाने में चिकित्सा का पेशा केवल ब्राह्मण-पुरोहितों तक सीमित नहीं था। समाज के किसी भी स्तर का व्यक्ति इस पेशे को अपना सकता था। बाप यदि वैद्य हो तो बेटा भी वैद्य बने, यह जरूरी नहीं था (न वैद्यः पूर्वजन्मः)। इसी स्वस्थ दृष्टिकोण के कारण उस जमाने में आयुर्वेद का चतुर्दिक विकास हुआ था। आयुर्वेद की चिकित्सा-पद्धति में आज भी चरक-संहिता को एक प्रामाणिक ग्रंथ माना जाता है।

सुश्रुत-संहिता

सुश्रुत-संहिता मुख्यतः शल्य-चिकित्सा का ग्रंथ है। सुश्रुत-संहिता के ज्ञान के उपदेशक है धन्वन्तरि (काशीराज दिवोदास) और श्रोता एवं रचयिता हैं सुश्रुत। इन दोनों के बारे में हमें कोई ठोस ऐतिहासिक जानकारी नहीं मिलती। यह भी जानकारी मिलती है कि नागार्जुन सुश्रुत-संहिता के प्रतिसंस्कर्ता है। जो भी हो, इतना निश्चित है कि सुश्रुत-संहिता की रचना चरक-संहिता के दो-तीन सदी बाद हुई।

सुश्रुत-संहिता में भी 120 अध्याय हैं। इन्हें पांच स्थानों में बांटा गया है—सूत्रस्थान, निदानस्थान, शारीरस्थान, चिकित्सास्थान और कल्पस्थान। इनके अलावा सुश्रुत-संहिता में परिशिष्ट के रूप में 'उत्तरतंत्र' भी जोड़ा गया है, जिसमें 66 अध्याय हैं। चरक-संहिता की तरह सुश्रुत-संहिता भी गद्य-पद्य में लिखी गई है।

सुश्रुत-संहिता के सूत्रस्थान में शल्य-चिकित्सा की विधियों के बारे में विस्तृत जानकारी है। आरंभ में आयुर्वेद की परंपरा, अष्टांगों के लक्षण, गुरु-शिष्य के संबंध, शस्त्रकर्म के लिए आवश्यक गुण आदि की जानकारी दी गई है। सातवें और आठवें अध्यायों में यंत्रों तथा शस्त्रों के बारे में जानकारी दी गई है।

यंत्रों की संख्या 101 बतलाई गई है, लेकिन हाथ को ही मुख्य यंत्र माना गया है। आकृतियों के अनुसार यंत्रों को 6 प्रकारों में बांटा गया

शल्य-चिकित्सा करते हुए सुश्रुत (कल्पना-चित्र)

है—स्वास्तिकयंत्र, संदंशयंत्र, तालयंत्र, नाड़ीयंत्र, शलाकायंत्र और उपयंत्र। ये यंत्र मुख्यतः लोहे के होते थे और हिंस्र पशु तथा पक्षियों के मुंह के आकार के होते थे। जैसे, स्वास्तिकयंत्र 24 प्रकार के थे और इनके मुंह सिंह, भेड़िये, चीते, कौवे आदि के मुंह जैसे होते थे।

संदंशयंत्र संडसियां तथा चिमटियां होते थे। इनसे त्वचा, मांस, सिरा आदि को खींचा जाता था। तालयंत्र चम्मच के आकार के होते थे और इनसे नाक, कान आदि का मैल निकाला जाता था। नाड़ी यंत्र खोखले होते थे और कंठ, भगंदर आदि की पीड़ा में इनका इस्तेमाल होता था। इसी प्रकार अन्य प्रकार के यंत्रों की रचना तथा इनके इस्तेमाल के बारे में सूक्ष्म जानकारी दी गई है।

चीरने, फाड़ने या काटने के लिए शस्त्रों का इस्तेमाल होता था। सुश्रुत-संहिता में शस्त्रों की संख्या बीस बतलाई गई है। मंडलाग, करपत्र, मुद्रिका, ब्रीहिमुख आदि इनके नाम हैं। इन शस्त्रों से फल, कंदमूल तथा साग-सब्जियों पर काटने-छेदने आदि के विविध प्रयोग करके शल्यकर्म सीखने की जानकारी दी गई है। खून निकालने के लिए जौक के इस्तेमाल की भी जानकारी दी गई है। आगे शरीरस्थान में शवच्छेदन के बारे में भी जानकारी दी गई है। इसके लिए किसी अच्छे शव को प्राप्त करके उसे पिंजड़े में बंद करके नदी के बहते जल में सात दिन रख दिया जाता था। फिर मुलायम कुचियों से उस शव की परीक्षा की जाती थी। यहां यह जान

लेना जरूरी है कि उस जमाने में किसी भी अन्य देश में शवच्छेदन नहीं होता था। जानकारी मिलती है कि ईसा पूर्व तीसरी सदी में दो चिकित्सकों ने मिस्र में शवच्छेदन किया था, लेकिन चोरी-छिपे।

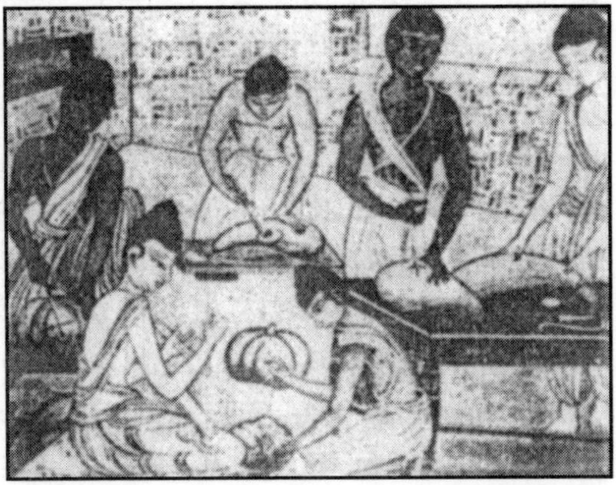

तरबूज, सीताफल, लौकी आदि पर प्रयोग करके शल्यकर्म की शिक्षा दी जा रही है।

भारत में प्रत्यक्ष एवं प्रायोगिक ज्ञान को इतना महत्व दिया जाना सचमुच ही अद्‌भुत बात है। समझ में नहीं आता कि उस जमाने के शल्य-चिकित्सकों को निरोग शव कहां से मिलते होंगे।

उस समय भी निरंतर लड़ाइयां होती रहती थीं। इसलिए सेना के साथ शल्य-चिकित्सकों का होना जरूरी माना गया था। सेना की शल्य-चिकित्सा की जानकारी देने के लिए सुश्रुत-संहिता में 'युक्तसेनीय' नाम से एक पूरा अध्याय ही दिया गया है।

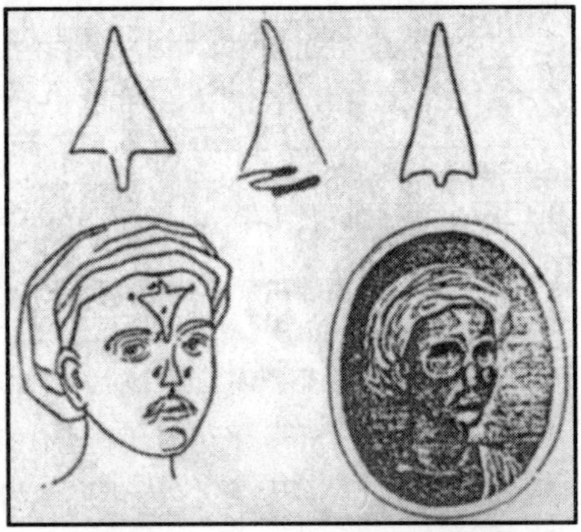

अक्तूबर 1974 में लंदन की 'जंटलमैंस मैगजीन' पत्रिका में प्रकाशित महाराष्ट्र के एक वैद्य द्वारा की गई नाक की प्लास्टिक सर्जरी के विवरण के साथ का चित्र।

उस समय अपराधियों को तरह-तरह के दंड दिए जाते थे। उनके नाक या कान काट दिए जाते थे। इसलिए नकली नाक बनवाना बहुतों के लिए जरूरी हो जाता था। सुश्रुत-संहिता के सूत्र स्थान के सोलहवें अध्याय

में कान, नाक तथा ओंठ की प्लास्टिक सर्जरी के बारे में जानकारी दी गई है।

प्लास्टिक सर्जरी भारत की खोज है। मध्ययुग में प्लास्टिक सर्जरी का ज्ञान इटली आदि यूरोप के देशों में पहुंचा। फिर अठारहवीं सदी में ईस्ट इंडिया कंपनी के डॉक्टरों ने महाराष्ट्र के वैद्यों को नाक की प्लास्टिक सर्जरी करते देखा। इसका विवरण लंदन की एक पत्रिका में प्रकाशित हुआ। तदनंतर यूरोप में प्लास्टिक सर्जरी का तेजी से विकास हुआ। प्लास्टिक सर्जरी की एक विधि आज भी भारतीय विधि के नाम से प्रसिद्ध है।

इस प्रकार, हम देखते हैं कि सुश्रुत-संहिता शल्य-चिकित्सा का एक वैज्ञानिक ग्रंथ है। लेकिन बाद में हमारे देश में इस विज्ञान की बिल्कुल उन्नति नहीं हुई। वाग्भट ने शल्य-चिकित्सा की जानकारी दी है, परंतु वह सारी जानकारी सुश्रुत-संहिता पर आधारित है।

नावनीतक

प्राचीन काल में मध्य एशिया के साथ भारत के घनिष्ट संबंध रहे हैं। मध्य एशिया से खरोष्ठी तथा ब्राह्मी लिपि में लिखी हुई अनेक प्राचीन पुस्तकें मिली हैं। 1890 ई. में चीनी तुर्किस्तान (पूवी मध्य एशिया) से चिकित्सा से संबंधित कुछ हस्तलिपियां बावर नामक व्यक्ति ने खरीदीं, जो अब बावर हस्तलिपियों के नाम से जानी जाती हैं। हॉर्नले ने इन्हें प्रकाशित किया है।

ताड़पत्र पर लिखी हुई ये पांच पुस्तकें खंडित और अधूरी हैं। फिर भी भारतीय चिकित्साशास्त्र की दृष्टि से इनका बड़ा महत्व है। इनमें से पहली पुस्तक में 31 पन्ने हैं और इसे तीन भागों में बांटा गया है। पहले भाग में लहसुन के गुणों के बारे में जानकारी दी गई है। दूसरे भाग का नाम नावनीतकम् है। नावनीतक के 16 प्रकरणों में घी, चूर्ण, तेल, आंख की औषध, केशरंजन आदि के योग (फार्मूले) दिए गए हैं।

नावनीतक में दिए गए ये योग चरक-संहिता, सुश्रुत-संहिता तथा मेल-संहिता पर आधारित है। इसलिए स्पष्ट है कि इन संहिताओं की रचना नावनीतक के पहले हो चुकी थी। सब बातों पर विचार करके विद्वान इस परिणाम पहुंचे है कि नावनीतक की रचना ईसा की चौथी सदी में हुई होगी।

ये बावर हस्तलिपियां कुछ अशुद्ध संस्कृत भाषा में लिखी गई हैं। उस जमाने के अनेक बौद्ध ग्रंथ इसी प्रकार की कुछ अशुद्ध संस्कृत भाषा में लिखे गए हैं। जो भी हो, चिकित्साशास्त्र का यह ग्रंथ मध्य एशिया में मिला है, इसलिए इसका विशेष महत्व है।

वाग्भट

चिकित्साशास्त्र के अष्टांग-संग्रह और अष्टांग-हृदय ग्रंथ खूब प्रसिद्ध हैं। इन दोनों ग्रथों के रचयिता वाग्भट हैं। इन दोनों ग्रंथों की रचना एक वाग्भट ने की है या दो वाग्भटों ने, इस बात को लेकर काफ़ी वाद-विवाद है। संभव यही जान पड़ता है कि वाग्भट दो हुए हैं।

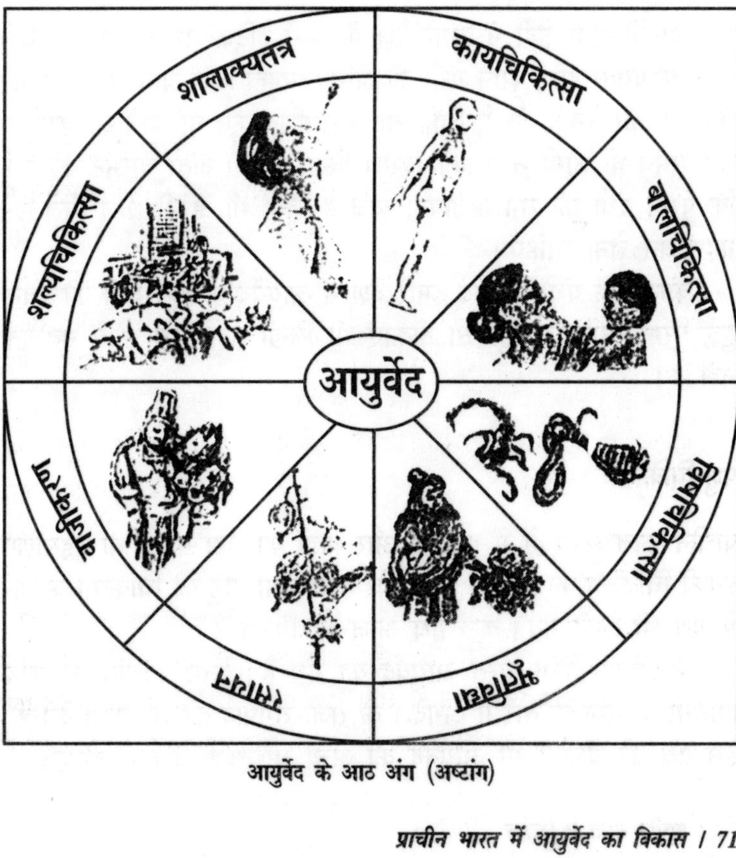

आयुर्वेद के आठ अंग (अष्टांग)

हम बता चुके हैं कि आयुर्वेद के आठ अंग माने गए थे, इसलिए अष्टांग शब्द आयुर्वेद का ही द्योतक हैं। अष्टांग-संग्रह गद्य-पद्य में लिखा गया है और अष्टांग-हृदय केवल पद्य में। पद्य में होने से अष्टांग-हृदय को खूब प्रसिद्धि मिली। इस पर पैंतीस से भी अधिक टीकाएं लिखी गई और ग्यारहवीं सदी में इस ग्रंथ का तिब्बती भाषा में भी अनुवाद हुआ था।

ये दोनों ग्रंथ मुख्यतः चरक-संहिता और सुश्रुत-संहिता पर आधारित है, पर इनमें कुछ नई जानकारी भी है। इन ग्रंथों के रचना-काल के बारे में निश्चित रूप से कुछ नहीं कहा जा सकता, किंतु लगता है कि इनकी रचना सातवीं-आठवीं सदी में हुई है। इन ग्रंथों के अध्ययन से यह भी पता चलता है वाग्भट बौद्धधर्म के अनुयायी थे। इन ग्रंथों में बौद्धधर्म से संबंधित अनेक शब्दों का उल्लेख आया है।

आठवीं-नौवीं सदी में हमारे देश में पुराने वैदिक धर्म को पुनः जीवित करने के प्रयास हुए। पुराने ग्रंथों को अधिक महत्व दिया जाने लगा। वाग्भट बौद्ध थे और उनके ग्रंथ में चिकित्सा से संबंधित कुछ नई बातें थीं, इसलिए उस समय के लोगों ने उनका विरोध किया होगा। अतः वाग्भट कहते हैं कि पुराने ग्रंथों का राग अलापना व्यर्थ है, जहां भी अच्छी चीज मिले उसे ग्रहण कर लेना चाहिए।

वाग्भट के ग्रंथों के बाद हमारे देश में आयुर्वेद के कुछ ग्रंथों की रचना हुई, पुराने ग्रंथों पर बहुत-सी टीकाएं भी लिखी गई, किंतु उनमें नवीनता नहीं है।

पशु-चिकित्सा

प्राचीन काल के युद्धों में हाथियों और घोड़ों का बड़ा महत्व था। इसलिए इनकी चिकित्सा का विकास हुआ और हाथी तथा घोड़े की चिकित्सा के बारे में ग्रंथ भी लिखे गए। कुछ ग्रंथ आज भी मिलते हैं।

पालकप्य-संहिता हस्ति आयुर्वेद का ग्रंथ है। इसमें आचार्य पालकप्य हाथियों के रोगों के बारे में अंगदेश के राजा रोमपाद को जानकारी देते हैं। इस ग्रंथ की योजना भी आयुर्वेद की अन्य संहिताओंकी तरह ही है।

शालिहोत्र-संहिता में मुख्यतः घोड़ों के रोगों के इलाज के बारे में जानकारी दी गई है। अश्व-चिकित्सा पर नकुल और जयादत्त की लिखी हुई पुस्तकें भी मिलती हैं। हमारे देश में पशु-चिकित्सा की परंपरा बहुत पुरानी है। कौटिल्य के अर्थशास्त्र में पशुचिकित्सकों तथा हस्तिचिकित्सकों के बारे में जानकारी है। जानकारी मिलती है कि सम्राट अशोक ने अपने राज्य में पशुओं की चिकित्सा का भी अच्छा प्रबंध किया था।

प्राचीन काल में हमारे देश में पेड़-पौधों की चिकित्सा का भी विकास हुआ है। इस चिकित्सा को वृक्षायुर्वेद कहते थे। आयुर्वेद की चिकित्सा में वनस्पति का खूब इस्तेमाल होता है, इसलिए इस विद्या को भेषज विद्या भी कहते थे। आज वृक्षायुर्वेद का कोई ग्रंथ नहीं मिलता, किंतु बहुत सारे प्राचीन ग्रंथों में इसके बारे में जानकारी मिलती है। बाद में निघंटु नाम से कई वनस्पति कोश तैयार किए गए थे।

आदान-प्रदान

चरक-संहिता तथा सुश्रुत-संहिता का ज्ञान, न केवल देश में, बल्कि विदेशों में भी फैला। दक्षिण-पूर्व एशिया के देशों में भी इन ग्रंथों का प्रचार हुआ। इस्लाम के उदयकाल में ही अरबों को इन ग्रंथों की जानकारी मिली और अरबी में इनका अनुवाद हुआ। खलीफाओं के शासनकाल में बगदाद के अस्पतालों में भारतीय चिकित्सकों की सम्मान के साथ नियुक्तियां होती थीं।

ईसा पूर्व पांचवीं सदी में हिप्पोक्रेत नाम के एक बहुत बड़े यूनानी चिकित्सक हुए। उनके नाम से लिखे हुए चिकित्सा के बहुत सारे ग्रंथ मिलते हैं। हिप्पोक्रेत की चिकित्सा-पद्धति तथा आयुर्वेद की चिकित्सा-पद्धति में अनेक बातें समान हैं, इसलिए किस ने किससे क्या लिया, इस बात को लेकर काफ़ी वाद-विवाद है। जैसे, भारतीय चिकित्सा का वात, पित्त तथा कफ़ का त्रिदोष-सिद्धांत यूनानी चिकित्सा-पद्धति में भी देखने को मिलता है।

इस समस्या के समाधान के लिए हमें एक ऐतिहासिक तथ्य पर विचार करना चाहिए। सामान्यतः यह माना जाता है कि ईसा पूर्व चौथी सदी के

उत्तरार्ध में भारत के पश्चिमोत्तर प्रदेश पर सिकंदर के हमले के बाद ही हम यूनानियो के संपर्क में आए। परंतु यह बात सही नहीं है।

ईसा पूर्व छठी सदी में पश्चिमोत्तर भारत का गांधार प्रदेश ईरान के हखामनी साम्राज्य का एक प्रांत था। दरअसल, उस समय तक सिंधु नदी के पश्चिमी ओर का सारा प्रदेश हखामनी राज्य के अंतर्गत था। गांधार देश की राजधानी तक्षशिला भी हखामनी राज्य में थी। उस जमाने में तक्षशिला ज्ञान-विज्ञान का प्रसिद्ध केंद्र था, परंतु हखामनी सम्राटों का उस पर अधिकार था।

दूसरी ओर हखामनी साम्राज्य की सीमा भूमध्य सागर और आयोनिया (एशिया माइनर) से जा भिड़ती थी। हखामनी सम्राटों की सेवा में बहुत-से यूनानी चिकित्सक थे। इसलिए उस समय भारतीय विद्वान अवश्य ही यूनानी विद्वानों के निकट संपर्क में आए होंगे। ऐसी स्थिति में ज्ञान-विज्ञान का अवश्य ही आदान-प्रदान हुआ होगा। ईरान पर सिंकदर के हमले के समय तक गांधार देश ईरान के ही अधिकार में था। सिकंदर के बाद भारतीयों और यूनानियों का और अधिक मेल-जोल हुआ। दोनों ने एक-दूसरे से ज्ञान-विज्ञान की बातें सीखी हैं।

महान ज्योतिषी वराहमिहिर

प्राचीन भारत के वैज्ञानिकों में सबसे अधिक विख्यात हैं वराहमिहिर। कई कारण हैं। प्रमुख कारण यह है कि उनके प्रायः सभी ग्रंथ उपलब्ध हैं। दूसरा कारण यह है कि, हमारे देश के फलित-ज्योतिषी आज भी उनके ग्रंथों का इस्तेमाल करते हैं, विशेषतः उनके **बृहज्जातक** का। तीसरा कारण यह है कि, वराह ने प्रायः सभी विषयों पर लिखा है। उनका **बृहत्संहिता** ग्रंथ अपने समय का एक विश्वकोश ही है।

फिर भी वराह का यथार्थ मूल्यांकन नहीं हो पाया है। हम सोचते हैं कि आर्यभट, वराह, ब्रह्मगुप्त आदि ज्योतिषियों का केवल भारतीय

वराहमिहिर (कल्पित-चित्र)

विज्ञान के इतिहास की दृष्टि से ही महत्व है। जहां तक आर्यभट, ब्रह्मगुप्त आदि ज्योतिषियों का संबंध है, यह बात सही भी है। किंतु वराह का कृतित्व अधिक व्यापक है। अतः पांचवीं-छठी सदियों के भारत की आर्थिक एवं सामाजिक परिस्थितियों के अध्ययन के लिए वराह की कृतियों का अनुशीलन अत्यंत जरूरी हो जाता है। यहां हम उनके जीवन एवं कृतित्व पर ही थोड़ा प्रकाश डाल पायेंगे।

प्राचीन भारत के ग्रंथकारों के बारे में एक आम बात यह है कि वे अपने समय के बारे में हमें प्रायः अंधकार में ही रखते हैं। पर ज्योतिषी इसके अपवाद हैं। वजह यह है कि ज्योतिषी को अपने ग्रंथ में एक निश्चित तिथि से गणनाएं आरंभ करनी होती है, उसे वर्षारंभ का उल्लेख करना पड़ता है। अतः ज्योतिष-ग्रंथ में हमें प्रायः यह जानकारी मिल ही जाती है कि किस साल से ग्रंथ-लेखन की शुरुआत हुई। आर्यभट ने अपना **'आर्यभटीय'** ग्रंथ, तेईस साल की आयु में, 499 ई. में लिखा। भास्कराचार्य ने अपने **सिद्धांत-शिरोमणि** की रचना 1150 ई. में की। वराहमिहिर ने अपने **पंचसिद्धांतिका** ग्रंथ में गणितारंभ का वर्ष शक-संवत् 427 दिया है। इसका अर्थ यह हुआ कि वराह ने **पंचसिद्धांतिका** की रचना शक 427, यानी 505 ई. में शुरू की।

वराहमिहिर के काल के बारे में हमें बस यही एक तिथि मिलती है। हम नहीं जानते कि उनका जन्म किस साल हुआ था या 505 ई. में उनकी आयु कितनी थी। चूंकि सबसे पहले उन्होंने 'पंचसिद्धांतिका' की ही रचना की थी, इसलिए उस समय उनकी आयु कम-से-कम बीस साल की अवश्य ही रही होगी। एक अनुभूति के अनुसार, वराह की मृत्यु शक-संवत् 509, अर्थात् 587 ई. में हुई थी। जो भी हो, सामान्यतः ईसा की छठी सदी के पूर्वार्ध को हम वराह का जीवन-काल मान सकते हैं।

जोतिर्विदामरण नामक फलित-ज्योतिष का एक ग्रंथ है। ग्रंथकार अपने को कवि कालिदास कहता है। पर हम जानते हैं कि इस ग्रंथ के रचयिता महा कवि कालिदास नहीं हो सकते। इस ग्रंथ के एक श्लोक में विक्रमादित्य के नवरत्नों को गिनाया गया है–धन्वन्तरि, क्षपणक, अमरसिंह, शंकु, वैतालभट्ट, घटखर्पर, कालिदास, वररुचि

और वराहमिहिर। पर हम जानते हैं कि ये सारे विद्वान एक समय के नहीं हैं। भारत के कई शासकों ने 'विक्रमादित्य' की उपाधि धारण की थी, इसलिए नवरत्नों के आश्रयदाता 'विक्रमादित्य' कौन थे और ठीक किस समय हुए, इसके बारे में भी निश्चित रूप से कुछ नहीं कहा जा सकता।

वराह के **बृहज्जातक** में उनके कुल, स्थल आदि के बारे में जानकारी देनेवाला एक श्लोक है :

आदित्यदासतनयस्तदवाप्तबीधः
कापित्थके सवितृलब्धवरप्रसादः।
आवन्तिको मुनिमतान्यवलोक्य सम्यग्र-
घोरां वराहमिहिरो रुचिरां चकार॥

इससे ज्ञात होता है कि वराह के पिता का नाम आदित्यदास था और अपने पिता से ही उन्होंने ज्योतिष का ज्ञान अर्जित किया था। कापित्थक स्थान में उन्हें सूर्य का वरप्रसाद प्राप्त हुआ था। वे अवन्ती अर्थात् उज्जैन के निवासी थे। वरहा के प्रसिद्ध टीकाकार **भटोत्पल** लिखते हैं कि कापित्य गांव में एक सूर्य-मंदिर था। उज्जैन से 12 मील की दूरी पर कयथ नाम का एक देहात है। विक्रम विश्वविद्यालय द्वारा की गई खुदाई में यहां से प्राचीन अवशेष प्राप्त हुए हैं। अतः संभवतः यह कयथ ही प्राचीन कापित्थक हो।

किंतु भटोत्पल (दसवीं सदी) **'बृहत्संहिता'** पर अपनी टीका में वराह को 'आवन्तिकाचार्य' के साथ-साथ 'मगधद्विज' भी कहते हैं। इस पहेली के दो समाधान हैं। वराह का जन्म मगध देश में हुआ होगा और बाद में राजाश्रय की खोज में वे

उदीच्य वेष में सूर्य-देवता की खड़ी पीतल-प्रतिमा : ऊंचा मुकुट, लंबे बूट और हखथों में कमल (हिमाचल प्रदेश, 7वीं-8वीं सदी)

उज्जयिनी चले गए होंगे। दूसरी संभावना यह है कि 'मगधद्विज के स्थान पर सही पाठ 'मगद्विज' रहा होगा। प्रसिद्ध है कि मग-ब्राह्मण सूर्योपासक थे और शकों से उनका संबंध था। वराह का कुल सूर्योपासक था, इसमें तनिक भी संदेह नहीं। उनके पिता का नाम आदित्यदास था। स्वयं वराह ने सूर्य से वर प्राप्त किया था। 'मिहिर' शब्द आर्य-ईरानी भाषा के 'मिथ्र' शब्द से बना है। मिथ्र ईरानियों का सूर्य-देवता था। वराह के पुत्र पृथुयशस् भी अपने एक ग्रंथ के मंगलाचरण में सूर्य की स्तुति करते हैं। अतः संभव यही जान पड़ता है कि वराह सूर्योपासक मग-ब्राह्मणों के कुल में पैदा हुए थे।

अनुश्रुति से यह भी ज्ञात होता है कि वराह ने ईरान आदि देशों की यात्रा की थी। यह संभव है। वराह को यूनानी ज्योतिष का अच्छा ज्ञान था। उन्होंने यवनों के ज्योतिष-ज्ञान की स्तुति की है और उनके ग्रंथों में ज्योतिष से संबंधित कई यूनानी शब्द भी पाए जाते हैं। उनके 'बृहत्संहिता' ग्रंथ के अनुशीलन से तो यह निस्संदेह स्पष्ट होता है कि उन्होंने देश का काफ़ी पर्यटन किया था।

बस, वराह के जीवन के बारे में हमें इससे अधिक प्रामाणिक जानकारी नहीं मिलती। परंतु उनका कृतित्व काफ़ी व्यापक है। प्राचीन ज्योतिष की तीन शाखाएं (स्कंध) थीं–तंत्र, होरा और संहिता। वराह स्वयं लिखते हैं कि उन्होंने इन तीनों शाखाओं पर ग्रंथ लिखे हैं। वराह ने सबसे पहले **पंचसिद्धांतिका** की रचना की।

भारतीय ज्योतिषशास्त्र के इतिहास में इस ग्रंथ का विशेष महत्व है, इसलिए इसकी पृष्ठभूमि को समझ लेना जरूरी है। आकाश के ग्रह-नक्षत्रों के उल्लेख वेदों में भी मिलते हैं। बाद में वेदों के अध्ययन के लिए वेदांग-शास्त्र अस्तित्व में आए। छह वेदांगों में ज्योतिष भी एक है। वेदांग-ज्योतिष नाम से एक पुस्तक भी मिलती है। ईसा के पांच-छह सदियों पहले इसकी रचना हुई होगी। वेदांग-ज्योतिष के बाद हमारे देश में ज्योतिष के सिद्धांत-ग्रंथों की रचना हुई। आर्यभट (499 ई.) और वराह के पहले हमारे देश में पांच सिद्धांत-ग्रंथ अस्तित्व में थे। इनके नाम है : पौलिश, रोमक, वासिष्ठ, सौर और पैतामह। इनमें पौलिश और रोमक सिद्धांत पाश्चात्य ज्योतिष पर आधारित थे।

प्राचीन काल के ये पांचों सिद्धांत आज उपलब्ध नहीं हैं, ये लुप्त हो गए हैं। पर वराह के 'पंचसिद्धांतिका' ग्रंथ में इनके बारे में जानकारी मिलती है। इसीलिए इस ग्रंथ का ऐतिहासिक महत्व। वेदांग-ज्योतिष के बाद लगभग एक हजार साल के ज्योतिषीय ज्ञान के विकास के अध्ययन के लिए वराह का यह ग्रंथ अत्यंत उपयोगी है। वैसे, पौलिश, रोमक, वासिष्ठ आदि नाम के पांच सिद्धांत-ग्रंथ आजकल भी देखने को मिलते हैं, परंतु ये वे प्राचीन ग्रंथ नहीं हैं जिनकी जानकारी वराह ने 'पंचसिद्धांतिका' में दी है। ये पांच सिद्धांत वराह के काफ़ी बाद रचे गए थे।

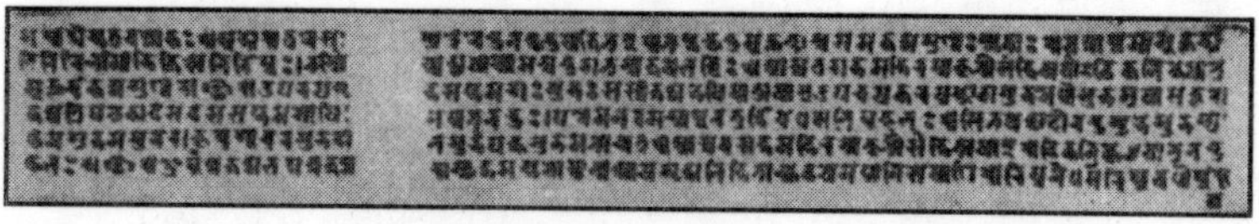

नेपाल से प्राप्त हस्तलिपि (नेवारी लिपि)—वराह की टिकनिक यात्रा

वराह ने एक ही विषय पर दो-दो ग्रंथ लिखे हैं—एक विस्तृत और दूसरा संक्षिप्त। जैसे, बृहज्जातक तथा लघुजातक, बृहद्विवाहपटल तथा स्वल्पविवाहपटल और बृहद्यात्रा तथा स्वल्पयात्रा। इन सभी ग्रंथों में **बृहज्जातक** सर्वाधिक प्रसिद्ध है।

परंतु भारतीय संस्कृति के अध्ययन की दृष्टि से वराहमिहिर का सबसे महत्व का ग्रंथ है—बृहत्संहिता। लगभग 4000 श्लोकों का यह ग्रंथ 106 अध्यायों में विभाजित है। चूंकि यह ग्रंथ वराह की अंतिम कृति है, इसलिए इसमें उनके परिपक्व मस्तिष्क का परिचय मिलता है। दरअसल, यह ग्रंथ एक प्रकार का विश्वकोश ही है। इसकी विषय-सूची पर ही एक सरसरी नजर डालने से इसके महत्व का कुछ आभास मिल जाएगा।

आरंभ के दो अध्यायों में ज्योतिषी की योग्यता का परिचय है। आगे के ग्यारह अध्यायों (3-13) में ग्रहों की गतियों का विवचेन है। 14-16 अध्यायों में देशों तथा उनके निवासियों की जानकारी है। 21 से 28 तक के अध्यायों में वर्षा संबंधी जानकारी है। ऋतु-विज्ञान का

ऐतिहासिक अध्ययन करनेवाले विद्यार्थियों के लिए यह जानकारी विशेष रूप से महत्व की है।

बृहत्संहिता के 52 से 56वें अध्याय तक मंदिर-निर्माण, स्थापत्य, मूर्ति-कला आदि की जानकारी है। वस्तुतः इन अध्यायों की स्थापत्य एवं मूर्ति-कला का एक स्वतंत्र ग्रंथ ही मानना चाहिए। आगे के छह अध्यायों में पशु-पक्षियों के बारे में जानकारी है।

हम जानते हैं कि हमारे प्राचीन ग्रंथकारों ने स्त्री-जाति को काफ़ी हेय दृष्टि से देखा है। परंतु वराह ने स्त्रियों का पक्ष लेकर उनकी स्तुति की है। उन्होंने अपने ग्रंथ में 'स्त्री प्रशंसा' नामक एक स्वतंत्र अध्याय (73) लिखा है। वराह कहते हैं–जिन बातों के लिए स्त्रियों को दोषी ठहराया जाता है उनके लिए पुरुष भी दोषी होते हैं, परंतु पुरुष अपने अहंभाव में इनके लिए केवल स्त्रियों को ही दोष देता है, उन्हें अपमानित करता है। वस्तुतः स्त्रियों का चरित्र पुरुषों से अधिक उच्च होता है। पुरुषों की उत्पत्ति स्त्रियों पर ही निर्भर रहती है। शतायु होने पर भी पुरुषों की काम-वासना शांत नहीं होती।

बृहत्संहिता के 'गंधयुक्ति' अध्याय (76) में शृंगार-प्रसाधनों का विवरण है। अतः भारतीय रसायन के इतिहास के अध्ययन की दृष्टि से यह अध्याय महत्व का है। 79 से 82 तक के अध्यायों में बहुमूल्य पत्थरों की जानकारी है। यह जानकारी इतनी महत्वपूर्ण है कि प्राचीन काल में ही वराह की रत्नशास्त्र का विशेषज्ञ माना जाता था और उनके ग्रंथ के इन अध्यायों का स्वतंत्र रूप से अध्ययन होता था।

बृहत्संहिता में तत्कालीन आर्थिक व सामाजिक जीवन से संबंधित और भी बहुत-सी जानकारी भरी हुई है। यही वजह है कि इस ग्रंथ का फलित-ज्योतिष के अध्ययन की अपेक्षा सांस्कृतिक दृष्टि से आज अधिक महत्व है।

आज ज्योतिष-विज्ञान काफ़ी उन्नति कर चुका है, इसलिए आर्यभट, वराह, भास्कर आदि के ज्योतिष-ग्रंथों का आज कोई वैज्ञानिक महत्व नहीं है। आज की गणितीय विधियां अधिक सूक्ष्म हैं और आकाश के अध्ययन के लिए आज अधिक सूक्ष्म और शक्तिशाली यंत्रों का इस्तेमाल होता है। फिर भी हमारे प्राचीन वैज्ञानिकों की वृत्तियों का

अध्ययन जरूरी है। इससे हमें भारतीय विज्ञान के विकास की जानकारी मिलती है। वराह की कृतियों का, विशेषतः बृहत्संहिता का, अध्ययन सांस्कृतिक दृष्टि से भी महत्व का है।

प्राचीन काल में ही वराह की काफ़ी ख्याति मिल चुकी थी। भटोत्पल ने उनकी कृतियों पर टीकाएं लिखकर उनका महत्व और भी अधिक बढ़ा दिया है। ब्रह्मगुप्त (जन्म : 568 ई.) ने प्राचीन ज्योतिषियों के बहुत सारे दोष निकाले हैं, परंतु उन्होंने वराह को कहीं भी दोष नहीं दिया है। भास्कराचार्य (1150 ई.) ने वराह के कृतित्व की स्तुति की है। अल्बेरुनी, जिन्होंने ग्यारहवीं सदी में भारत की यात्रा करके एक ग्रंथ लिखा था, वराह को उच्च कोटि का ज्योतिषी घोषित करते हैं। अल्बेरुनी ने वराह के लघुजातक और बृहत्संहिता ग्रंथों का अरबी में अनुवाद भी किया था, पर आज ये अनुवाद उपलब्ध नहीं हैं।

मध्य-एशिया के महापंडित अल्बेरुनी (973-1048 ई.)

परंतु हमारे देश में वराह का सही मूल्यांकन नहीं हो पाया। उनके जातक-ग्रंथों को तो फलित-ज्योतिषी पढ़ते रहे, परंतु उनके संहिता ग्रंथ की उपेक्षा ही होती रही। महामहोपाध्याय सुधाकर द्विवेदी ने 1895-97 ई. में उत्पल की टीका सहित बृहत्संहिता का संपादन किया है। पिछली सदी में ही केर्न महाशय ने इस महाग्रंथ का अंग्रेजी अनुवाद किया था। दक्षिण भारत के दो विद्वानों ने बंगलौर से इसका और एक अंगेजी अनुवाद प्रकाशित किया है। पर इसका हिंदी अनुवाद अभी तक मेरे

देखने में नहीं आया है। बृहत्संहिता का मराठी अनुवाद रत्नागिरि से बहुत पहले प्रकाशित हुआ था।

पाणिनि कालीन भारत, पतंजलि कालीन भारत, कालिदास कालीन भारत आदि ग्रंथ प्रकाशित हो चुके हैं। प्रसन्नता की बात है कि इधर (1968 ई.) वराह की बृहत्संहिता पर डॉ. अजय मित्र शास्त्री का एक ग्रंथ प्रकाशित हुआ है। पर यह ग्रंथ अंग्रेजी में है। या तो इस ग्रंथ का हिंदी में अनुवाद होना चाहिए या स्वतंत्र रूप से हिंदी में लिखा जाना चाहिए।

पाश्चात्य वैज्ञानिकों पर हिंदी में भी अनेक बालोपयोगी पुस्तकें लिखी गई हैं। पर हमारे देश के प्राचीन वैज्ञानिकों पर स्वतंत्र पुस्तकों का अभाव है। इस अभाव की पूर्ति शीघ्रातिशीघ्र होनी ही चाहिए।

रसायनाचार्य सिद्ध नागार्जुन

आज 'रसायन' या 'केमिस्ट्री' शब्द काफी व्यापक अर्थ में प्रयोग में लाए जाते हैं। किंतु पुराने जमाने में ये शब्द एक विशेष विद्या के द्योतक थे। 'कीमी' शब्द से ही आज का केमिस्ट्री शब्द बना है। 'कीमी' शब्द या तो प्राचीन मिस्र का है या चीन का। आठवीं शताब्दी में अरब लोग मिस्री सभ्यता के संपर्क में आए, तो उन्होंने कीमियाशास्त्र का खूब विकास किया। कीमी से ही अरबी का 'अल्-केमी' शब्द बना है। कीमियागरी या केमिस्ट्री शब्द इसी 'केमी' शब्द से बने हैं संक्षेप में कहें तो, कृत्रिम रूप से सोना-चांदी बनाने की विद्या को कीमियाशास्त्र कहा जाता था।

भारतीय परंपरा का रसायन शब्द आरंभ में कुछ-कुछ इसी कीमियाशास्त्र का द्योतक रहा है। सामान्य धातुओं को सोना-चांदी जैसी मूल्यवान धातुओं में बदलने के लिए किसी चमत्कारी 'पारस' या 'चिंतामणि' पत्थर की खोज करना और दीर्घायु प्राप्त करने के लिए पारे आदि की सहायता से किसी महारस की तैयार करना ही कीमियागरों का धंधा था। धातुकर्म, औषधिशास्त्र और उद्योगधंधों के साथ इस विद्या का विकास हुआ।

धातुकर्म में भारत शुरू से ही संसार का एक अग्रगण्य देश रहा है। आज से चार-पांच हजार वर्ष पहले सिंधु सभ्यता के लोग तांबे को ढालकर मूर्तियां बनाने की कला जानते थे। इस्पात को ढालने में तो भारतीय धातुकर्मकार बहुत ही कुशल थे। दिल्ली की कुतुबमीनार के पास पांचवीं शताब्दी का बना हुआ एक लौह-स्तंभ है। इतने बड़े पैमाने पर लोहे का स्तंभ बनाना यूरोप के लोग, उस समय तो क्या, अभी डेढ़ सौ साल पहले तक नहीं जानते थे।

आयुर्वेद के रूप में प्राचीन भारत में औषधि-विज्ञान का भी खूब विकास हुआ। लेकिन ये औषधियां आदमी के रोगों को ही दूर कर सकती थीं, उसे ये अमर नहीं बना सकती थीं। किंतु 'अमरत्व' प्राप्त करना तो मनुष्य का आरंभ से ही एक बहुत बड़ा सपना रहा है। कैसे पूरा होगा यह सपना? मुक्ति भी तो मरने के बाद ही मिल सकती है। लेकिन मरने के बाद क्या होता है, इसे कौन जानता है? क्या इसी इहलोक में, मुक्ति नहीं मिल सकती? क्या ऐसी कोई चीज—अमृत—नहीं है, जो इसी जीवन में देह को अमर बना दे?

यही वे प्रश्न हैं जिन्होंने भारत में रसायनशास्त्र को जन्म दिया। रसायन के साथ तंत्र-मंत्र का चोली-दामन का संबंध था। 8वीं से लेकर 13वीं शताब्दी तक भारत में बौद्ध सिद्धों ने रसायन के विकास में खूब योग दिया। रसायन विद्या पर अनेक ग्रंथ लिखे गए। इनमें 'रसरत्नाकर' ग्रंथ के रचयिता सिद्ध नागार्जुन का स्थान भारतीय रसायनशास्त्र में सबसे ऊंचा है।

नागार्जुन की प्रस्तर-मूर्ति (नालंदा संग्रहालय)

भारत में नागार्जुन नाम के कई विद्वान हुए हैं। एक नागार्जुन दूसरी-तीसरी शताब्दी में हुए, जो प्रसिद्ध दार्शनिक थे और जो बौद्धधर्म के महायान-संप्रदाय के संस्थापक माने जाते हैं। ये विदर्भ के एक ब्राह्मण कुल में पैदा हुए थे। उस समय के प्रसिद्ध विद्याकेंद्र नालंदा-विहार पहुंचकर ये बौद्ध-भिक्षु बने थे। दंत कथा है कि एक बार खूब अकाल पड़ा और बौद्धों का जीवन संकट में पड़ गया। उस समय नागार्जुन ने एक तपस्वी से रसायन-विद्या सीखी और सामान्य

धातुओं से सोना बनाना जाना। इस प्रकार भिक्षुओं का आर्थिक संकट दूर हो गया। बाद में नागार्जुन नालंदा के प्रमुख आचार्य भी नियुक्त हुए थे।

लेकिन हमें जिस नागार्जुन की चर्चा करनी है, वे 'रसरत्नाकर' ग्रंथ के रचयिता सिद्ध नागार्जुन हैं। यह ग्रंथ सातवीं-आठवीं शताब्दी का लिखा हुआ है। तिब्बती परंपरा में जिन 84 बौद्ध सिद्धों के नाम मिलते हैं, उनमें एक ये नागार्जुन भी हैं। तिब्बत के पुराने चित्रों में सिद्ध नागार्जुन को गले में सर्प डाले हुए दरशया गया है। रसरत्नाकर महायान संप्रदाय का एक तंत्र-ग्रंथ भी है।

रसरत्नाकर में रसायन की विधियों का वर्णन संवाद के रूप में दिया गया है। यह संवाद रत्नघोष, नागार्जुन, वटयक्षिणी, शालिवाहन और मांडव्य के बीच होता है। मांडव्य और रत्नघोष उस समय के नामी रसायनाचार्य थे। रत्नघोष नागार्जुन से रसविद्या सीखना चाहते हैं। नागार्जुन प्रसन्न होकर उन्हें यह विद्या सिखाने के लिए तैयार हो जाते हैं। वे बताते हैं कि उन्होंने बारह साल तपश्चर्या करने के बाद वट-यक्षिणी की कृपा से रसबंध (पारा बांधने) की यह विद्या हासिल की है। आगे के संवाद में नागार्जुन वे सभी प्रयोग बताते हैं जो उन्होंने किए हैं। कुछ विधियां इस प्रकार बताई गई हैं :

– इसमें आश्चर्य ही क्या यदि राजावर्त (लापिझ-लाजुली) को शिरीष फूल के रस से भावित किया जाए, तो इससे एक गुंजाभार चांदी को उगते सूर्य के समान तेजवाले 900 गुंजाभर सोने में परिवर्तित किया जा सकता है!

– इसमें आश्चर्य ही क्या यदि पीले गंधक को पलाश के गोंद के रस से शोधित किया जाए और गोबर के कंडों की आग पर तीन बार पकाया जाए, तो इससे चांदी को सोने में बदला जा सकता है!

– इसमें भी क्या आश्चर्य यदि रसक (कैलामाइन) की तीन बार तांबे के साथ तपाया जाए तो तांबा सोने में बदल जाता है!

– इसमें भी क्या आश्चर्य यदि दरद (हिंगुल) को कई बार भेड़ के दूध से और अम्लों से भावित किया जाए और धूप में रखा जाए, तो चांदी केसरिया रंग के सोने में बदल जाती है!

साधारणतया महारस आठ माने जाते हैं–भाक्षिक, विमल, शेल, चपल, रसक सस्यक, दरद और स्रोतोञ्जन। रसरत्नाकर में नागार्जुन ने महारसों के

वर्ग में राजावर्त, गंधक, रसक, दरद, भाक्षिक, विमल, हेम, तार तथा इनके शोधन का उल्लेख किया है। धातुओं और रसों के हनन और मारन के बारे में नागार्जुन ने लिखा है—ताल या हरिताल द्वारा वंग को, दरद (हिंगुल) द्वारा तीक्ष्ण को, नाग या सीसे से सोने को, मनःशिला से सीसे को, गंधक से तांबे को और भाक्षिक से सोने को मारा जा सकता है। इसी प्रकार तांबे को बकरी के दूध तथा गंधक से और चांदी को सेहुंड के दूध तथा भाक्षिस से मारा जा सकता है। धातुएं मारी जाने पर रसवान हो जाती हैं; फिर इनसे रोग, बुढ़ापा आदि का नाश संभव होता है।

नागार्जुन ने रसबंध अर्थात् पारे को बांधने की विधि दी है—पारे को रसों का राजा (रसनृप) कहा जाता है। यदि इसे नीबू के रस, नवसार, अम्ल, क्षार, पंचलवण, कटुत्रय (सोंठ, मरिच, पीपल), शिग्रु के रस, सूरणकन्द आदि के साथ घोटा जाए तो यह आठों धातुओं के साथ संरस होने योग्य हो जाता है।

यह एक महत्वपूर्ण बात है कि धातुओं का, विशेषतः पारे का, औषधि के रूप में प्रयोग पहले-पहले भारत में ही देखने को मिलता है। नागार्जुन ने दिव्य देह प्राप्त करने के लिए एक ऐसे रस की विधि बतलाई है जो पारा, सोना आदि के मिश्रण से तैयार किया जाता है।

रसरत्नाकर में अनेक रासायनिक विधियों एवं यंत्रों का उल्लेख मिलता हैं। नागार्जुन ने बतलाया है कि रसायनिक प्रक्रिया आरंभ करने के लिए कोष्ठिका यंत्र, वक्रनाल (फुंकनी), गोबर, लकड़ी का ईंधन, धोंकनी, लोहपत्र, औषध, कांजी, विड और विविध प्रकार की संडसियों की जरूरत होती है।

कोष्ठिका यंत्र

तिर्यक्पातन यंत्र

पारे की पिष्टी का भस्म तैयार करने के लिए गर्भयंत्र का इस्तेमाल होता था। बताया गया है–मिट्टी की बनी ऐसी मूषा लो जो चार अंगुल लंबी, तीन अंगुल चौड़ी और गोल मुंह की बनी हो। 20 भाग नमक और 1 भाग गुग्गुल, दोनों को पानी देकर महीन चिकना पीस लो। मूषा पर इसका लेप करो। धान की भूसी को आग में धीमी-धीमी आंच दो। इस प्रकार मृदु स्वेदन द्वारा पिष्टी की भस्म बनती है।

रसायन के इतिहास में नागार्जुन पहले व्यक्ति थे जिन्होंने कज्जली (ब्लैक सल्फाइड आव मर्क्यूरी) का औषधि (पर्पटिकारस) के रूप में उपयोग किया था। इसी प्रकार रसायन की कई ऐसी विधियां हैं जो हमें पहली बार रसरत्नाकर ग्रंथ में देखने को मिलती हैं। रसरत्नाकर के आधार पर बाद में रसायनशास्त्र के अनेक ग्रंथों की रचना हुई है। इनमें 13वीं शताब्दी का 'रसरत्नसमुच्च' ग्रंथ विशेष रूप से महत्व का है। बाद के रसायनविदों ने नागार्जुन को सदैव एक विशेषज्ञ के रूप में स्मरण किया है।

मध्य एशिया के प्रसिद्ध विद्वान अलबेरुनी (भारत यात्रा : 1017-30 ई.) ने भी नागार्जुन तथा उनके रसायन-ग्रंथ का उल्लेख किया है। अलबेरुनी ने लिखा है कि नागार्जुन उनके सौ साल पहले हुए हैं और ये सोमनाथ के पास देहक स्थान के निवासी थे। प्रसिद्ध चीनी पर्यटक युवान्-चाङ् (629 ई.) ने भी 'नागार्जुन बौधिसत्व' के नाम का उल्लेख किया है। अतः यह भी संभव है कि नागार्जुन छठी शताब्दी में पैदा हुए हो। जो भी हो, इतना निश्चित है कि नागार्जुन अपने रसरत्नाकर ग्रंथ के रूप में हमारे सामने एक महान रसायनज्ञ के रूप में प्रकट होते हैं। भारतीय रसायन के इतिहास में नागार्जुन का स्थान सर्वोपरि है।

दिल्ली का लौह-स्तंभ

पुरातत्ववेत्ता मानव के विकास को प्रमुखतः तीन युगों में विभाजित करते हैं–पाषाणयुग, ताम्रयुग और लौहयुग। पाषाणयुग को मुख्यतः दो भागों में बांटा जाता है–पुरापाषाण-युग और नवपाषाण-युग।

लौह स्तंभ

नवपाषाण-युग के आरंभ के साथ कृषि कर्म का आरंभ माना जाता है। यूं तो आज से लगभग दस हजार वर्ष पहले पश्चिम एशिया के कई स्थानों पर नवपाषाण-युग के आरंभ के चिह्न दिखाई देते हैं, परंतु इस युग का आरंभ और अंत संसार के कई स्थानों पर एक ही समय नहीं हुआ है। मिस्र, सुमेर तथा सिंधु सभ्यता में नवपाषाण युग ई.पू. चौथी सहस्राब्दी में समाप्त हो जाता है, तो मध्य-अमरीका की काफी उन्नतमय सभ्यता को अभी पंद्रहवीं-सोलहवीं शताब्दी में भी हम नवपाषाण-युग में ही देखते हैं।

संसार के कई क्षेत्रों के आदिवासी आज भी पाषाणयुग का ही जीवन बिता रहे हैं। मिस्र, सुमेर, चीन तथा भारत (सिंधु प्रदेश) की

प्राचीन सभ्यताएं ताम्रयुग की सभ्यताएं थीं। तांबे के साथ लगभग दस प्रतिशत वंग (टिन) मिलाने से कांसा या पीतल बनता है। आरंभ में पीतल प्राकृतिक रूप से पाया जाता था, किंतु बाद में उपर्युक्त सभ्यताओं के धातुकर्मकारों ने खनिज से पीतल बनाना भी सीखा। सोना और चांदी का ज्ञान भी मानव को बहुत प्राचीन काल से था। लेकिन लोहे जैसी महत्वपूर्ण धातु का ज्ञान बहुत बाद में हुआ। लोहे का अयस्क या कच्चा लोहा पृथ्वी पर अन्य धातुओं से बहुत अधिक मात्रा में पाया जाता है, परंतु इसके निर्माण में अनेक कठिनाइयां होने के कारण ही आदमी इसका उपयोग बहुत बाद में कर पाया।

मिस्र तथा सुमेर की प्राचीन, कब्रों से पुरातत्ववेत्ताओं ने ई.पू. चौथी और तीसरी सहस्राब्दी के कुछ लौह-अवशेष प्राप्त किए हैं। परंतु यह लोहा मनुष्य द्वारा निर्मित नहीं था। उल्का-प्रस्तरों में भी लोहा मिलता है। आरंभ में इसी लोहे से मनुष्य ने अपने आभूषण और छोटे-मोटे औजार बनाए। तब लोहे का मूल्य सोने से भी अधिक रहा होगा। वस्तुतः लोहे का उत्पादन 1400 ई. पू. के पहले नहीं हो सका। पहले-पहल अनातोलिया के हित्ती शासकों के अभिलेखों में ही हमें लोहे के उत्पादन के उल्लेख मिलते हैं—ई. पू. 14वीं शताब्दी में। इन हित्ती उल्लेखों के अनुसार आर्मेनियन पर्वतमाला के निवासी किज़्वदन कबीले ने पहले-पहल लोहा बनाया था। पश्चिम एशिया के मितानी आर्य-शासकों ने जब इस कबीले को अपनी सेना में शामिल कर लिया, तो उन्हें लोहे के शस्त्रों का उपयोग मालूम हुआ; परंतु लोहे के उत्पादन की कला को उन्होंने गुप्त ही रखा था। उनके उत्तराधिकारी हित्तियों ने भी इस आविष्कार को गुप्त ही रखा। पश्चिम एशिया के से आर्य शासक मिस्र के फरोहाओं को लोहे की इक्की-दुक्की वस्तुएं भेंट करते थे। ई.पू. 14वीं शताब्दी के उत्तरार्ध में मिस्र का एक फरोहा जब हित्ती राजा को लोहा भेजने के लिए लिखता है, तो हित्ती शासक कोई बहाना निकाल कर उसे केवल एक खड्ग ही भेजता है।

भारत की सिंधु सभ्यता ताम्रयुग या कांस्ययुग की सभ्यता थी। वैदिक के लौह-ज्ञान के बारे में हमें कोई ठोस जानकारी नहीं मिलती। ऋग्वेद में 'अयस्' शब्द का उल्लेख कई बार आया है। यहां यह शब्द लोहे के लिए या कांसे के लिए या सभी धातुओं के लिए प्रयुक्त हुआ है, इसके बारे में विद्वानों में काफी मतभेद है। ऋग्वेद में 'लौह' शब्द नहीं मिलता। लेकिन बाद के वैदिक साहित्य में अयस् शब्द लोहे का पर्यायवाची बन गया था।

लौह-स्तंभ का शीर्षयुक्त ऊपरी भाग

जर्मन भाषा का "आइसेन" और अंग्रेजी का "आयरन" शब्द इसी शब्द से संबंधित है। यजुर्वेद में अयस् शब्द मिलता है और लौह शब्द भी। यजुर्वेद में "अयस्ताप" शब्द भी आया है, जो लोहे के खनिज को लकड़ी-कोयला आदि के साथ तपाकर धातु तैयार करने का द्योतक है। बहुत संभव है कि ऋग्वेद का अयस् शब्द कांसे का ही द्योतक रहा हो, क्योंकि लैटिन भाषा में भी कांसे के लिए "अएस्" शब्द मिलता है। जो भी हो, इतना निश्चित

है कि उत्तर वैदिक काल में, अर्थात् 1000 ई.पू. के आसपास, भारतीय आर्यों को लोहा बनाना आता था।

ईसा के पहले की तीन-चार शताब्दियों की अनेक लौह-वस्तुएं तिनेवली तक्षशिला आदि स्थानों की खुदाई में मिली हैं। शुंग और कुषाण काल की भी लोहे की बहुत सारी वस्तुएं मिली हैं। किंतु भारत में लोहे का अद्भुत स्मारक है दिल्ली में कुतुबमीनार के पास खड़ा लौह-स्तंभ।

यह लौह-स्तंभ लगभग 24 फुट ऊंचा है। नीचे इसकी गोलाई का व्यास 16.4 इंच है और ऊपर 12 इंच। इस स्तंभ का शीर्ष भाग 3 फुट 6 इंच लंबा है। संपूर्ण लौह-स्तंभ का तौल अनुमानतः 6 टन है। इस पर एक लेख खुदा हुआ है :

यस्योद्वर्तयतः प्रतीपमुरसा शत्रून्समेत्यागतान
वंगेष्वाहववर्तिनेऽभिलिखिता खड्गन की कीर्त्तिभूजे।
तीर्त्वा सप्तमुखानि येन समरे सिन्धोजिर्ज्जता वाह्लका
यस्याद्याप्यधिवास्यते अलनिधिर्वीर्यानिलैक्षिणः॥
खिन्नस्येव विसृज्य गां नरपतेर्गामाश्रितस्येतरां।
मूर्त्या कर्मजितावनी गतवतः कीर्त्या स्थितस्य क्षितौ।
शान्तस्येव महावने हुतभुजो यस्य प्रतापो महान्नाद्याप्युत्सृजति
प्रणाशितरि-पोर्यत्नस्य शेषः क्षितिम्॥
प्राप्तेन स्वभुजर्ज्जितं च सुचिरं चैकाधिराज्यं क्षितौ
चन्द्राह्वेन समग्रचन्द्रसदृशीं वक्त्रश्रियं बिभ्रता।
तेनायं प्रणिधाय भूमिपतिना भावेन विष्णौ मतिं।
प्रान्शुर्व्विष्णुपदे गिरौ भगवतो विष्णोर्ध्वजः स्थापितः॥

अर्थात्,

जिसने शत्रुओं की परास्त कर यश प्राप्त किया अथवा जिसकी भुजाओं पर तलवार से यश लिखे गए; वंग के युद्ध में जिसने अपने पराक्रम से उन शत्रुओं का पीछा किया जो संगठित रूप से उस पर आक्रमण करने के लिए तैयार थे; जिसने सिंधु के सात मुखों को पार करके युद्ध में वाह्लिकों पर विजय प्राप्त की तथा जिसकी शक्ति से दक्षिणी सागर सुगंधित हो गए हैं।

उसने अतुलनीय उत्साह तथा तेज से शत्रुओं को पूर्णतः परास्त किया, जैसे किसी वन में अग्नि की ज्वाला प्रज्वलित होती हो। यद्यपि राजा ने संसार को त्याग दिया है और अपने सुंदर तथा दिव्य कर्मों से स्वर्ग में निवास

लौह-स्तंभ पर लेख

करता है, तो भी यह प्रकट होता है कि वह राजा अभी जीवित है, क्योंकि पृथ्वी पर उसका यश अद्यावधि विद्यमान है।

जिस राजा ने अपने बाहुबल से एकछत्र राज्य स्थापित किया, जिसका नाम चंद्र है और जिसके मुख की शोभा चंद्रमा की छटा के समान है, जिसकी विष्णु पर अटल भक्ति है, उस नरेश द्वारा **विष्णुपद** पर्वत पर **विष्णुध्वज** स्थापित किया गया था।

पुरालिपिशास्त्र की दृष्टि से यदि इस अभिलेख का अध्ययन किया जाए तो यह निश्चित है कि इस लेख की लिपि ईसा की चौथी शताब्दी की है।

अब रहा इस लौह-स्तंभ के निर्माता 'चंद्र' का प्रश्न। पुरातत्ववेत्ता इस 'चन्द्र' राजा के बारे में एकमत नहीं हैं, परंतु अधिकांश पुराविदों का मत है कि इस लेख का चंद्र, प्रसिद्ध गुप्त-सम्राट चन्द्रगुप्त-द्वितीय (लगभग 380-415 ई.) ही है। इस लेख में राजा चंद्र के बंगाल, बलूख तथा दक्षिण की विजयों का वर्णन है। आरंभ में यह लौह-स्तंभ कुतुब मीनार के पास नहीं था, यह विष्णुपद पहाड़ी पर खड़ा किया गया था। यह विष्णुपद पहाड़ी संभवतः अंबाला जिले में थी। तोमर वंश के राजा अनंगपाल-द्वितीय ने जब दिल्ली (ढिल्लिका) में अपनी राजधानी के लिए एक नया नगर बसाया, तो वह लगभग 1050 ई. में इस लौह-स्तंभ को दिल्ली उठा लाया था। कुतुब मीनार के पास जिस टूटी मस्जिद में यह स्तंभ खड़ा है, वहां पहले अनंगपाल का बनाया हुआ मंदिर था।

सबसे पहले हैडफील्ड ने इस स्तंभ के लोहे का रसायानिक विश्लेषण किया था। उन्हें इसमें धातुओं के लिए निम्न-लिखित आकड़े मिले :

लोहा	:	99,720
कार्बन	:	0.080
सिलिकन	:	0.046
गंधक	:	0.006
मैगनीज	:	....
फास्फोरस	:	0.114

फास्फोरस की अधिक मात्रा, मैंगनीज का अभाव और गंधक की न्यूनता इस लौह-स्तंभ की विशेषता है। संभवतः इन्हीं विशेषताओं के कारण इस लौह-स्तंभ पर से लगभग 1500 वर्षा-ऋतु गुजर जाने पर भी इस पर जंग नहीं लगा है। यह भी संभव है कि इसे तैयार करने के बाद जब बुझाया गया होगा तो इसकी सतह पर लोहे के चुंबकीय ऑक्साइड (एफ.ई.ओ.) की एक पतली-सी तह जम गई होगी, जिसने इसकी सुरक्षा की है। संभव यही जान पड़ता है कि छोटी-छोटी वात-भट्ठियों में एक-एक मन लोहा तैयार करके बाद में इसके खंड जोड़कर पूरा स्तंभ तैयार किया गया होगा। जो भी हो, संसार के किसी भी देश में इतना उत्कृष्ट और इतना प्राचीन तथा विशाल लौह-स्मारक अन्यत्र कहीं देखने को नहीं मिलता। बाशाम लिखते हैं कि अभी सौ वर्ष पहले तक यूरोप के सर्वोत्तम ढलाईघर भी इस प्रकार के लौह-स्तंभ और इसके जैसा शुद्ध लोहा तैयार करने में समर्थ नहीं थे।

प्राचीन भारत में प्लास्टिक सर्जरी

अमरीका, जापान और यूरोप के देशों में सौंदर्य-वृद्धि के लिए प्लास्टिक सर्जरी करवाना एक आम बात हो गई है। कुशल शल्य-चिकित्सक के सूक्ष्म औजार वयोवृद्ध स्त्री को तरुणी में बदल देते हैं। कुछ विशेष परिस्थितियों में व्यवसाय तथा सामाजिक एवं मनोवैज्ञानिक कारणों की दृष्टि से भी यह सौंदर्य-परक सर्जरी आधुनिक जीवन की एक आवश्यकता बन गई है।

पर आधुनिक प्लास्टिक सर्जरी के उपयोग का यह एक गौण पक्ष ही हुआ। मानव-शरीर को सुंदर, सुगंठित एवं स्वस्थ बनाने के लिए प्लास्टिक सर्जरी आज महत्वपूर्ण योग दे रही है। हजार में से एक बच्चा फटे हुए ओंठ के साथ पैदा होता है। शैशवावस्था में ही प्लास्टिक सर्जरी करके उसके ओंठ को दुरस्त किया जा सकता है। आजकल कुष्ठरोग का इलाज संभव है। फिर भी स्वस्थ हुए कुष्ठरोगी को समाज में सम्मान्य स्थान नहीं मिल पाता, क्योंकि उसके बदन पर इस रोग के निशान बने रहते हैं। प्लास्टिक सर्जरी ने ऐसे हजारों रोगियों को समाज में सम्मान का स्थान दिलाया है। आज के व्यस्त एवं यांत्रिक जीवन में शरीर के किसी अवयव का जल या कट जाना एक आम बात है। प्लास्टिक सर्जरी ऐसी स्थितियों में एक वरदान सिद्ध हुई है।

परंतु प्लास्टिक सर्जरी का सबसे अधिक लाभ हुआ है युद्धों में क्षत-विक्षत सैनिकों के शरीरों को दुरुस्त करने में। पहले और दूसरे महायुद्ध के जमाने में यूरोप के देशों में इस विज्ञान ने खूब उन्नति की। प्लास्टिक सर्जरी की बदौलत हजारों-लाखों अपाहिज सैनिकों की स्वस्थ अवयव मिले। वस्तुतः युद्ध-जनित आवश्यकताओं ने ही प्लास्टिक सर्जरी की आधुनिक शल्य-चिकित्सा में एक प्रमुख स्थान दिलाया है। अन्यथा अभी सौ साल

पहले यूरोप के देशों में प्लास्टिक सर्जरी को हेय दृष्टि से देखा जाता था। प्लास्टिक सर्जरी मूलतः एक भारतीय विज्ञान है। यूरोपवालों की प्लास्टिक सर्जरी का परिचय कराने में एक युद्ध ही कारण बना।

सन् 1762 ई. की घटना है। अंग्रेजों, मराठों और निजाम ने मिलकर टीपू सुलतान के राज्य पर हमला किया। हार के बाद टीपू को इनके साथ संधि करनी पड़ी। अपने आधे राज्य के अलावा उसे तीन करोड़ रुपयों का हरजाना भी देना पड़ा। इसी युद्ध के समय टीपू के सिपाहियों ने अंग्रेज सेना के एक देशी गाड़ीवान कवसाजी और अन्य चार सिपाहियों को बंदी बनाया था। भारतीय होने पर भी इन्होंने अंग्रेजों का साथ दिया था। ये देशद्रोही थे। टीपू के सिपाहियों ने कवसाजी और उन चार सिपाहियों की नाक व दायें हाथ काटकर उन्हें छोड़ दिया।

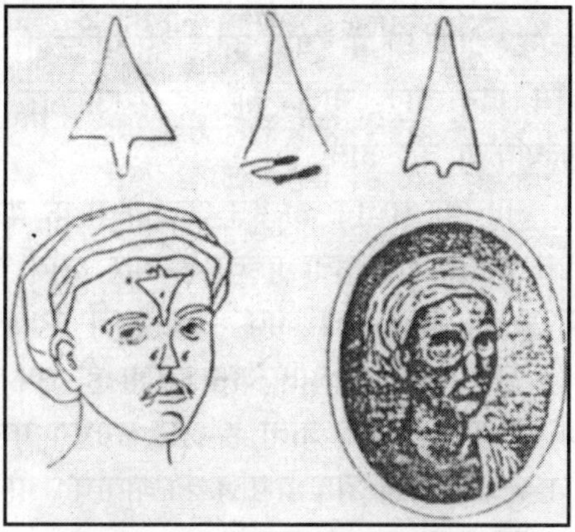

अक्तूबर 1974 में लंदन की 'जेंटलमैंस मैगजीन' पत्रिका में प्रकाशित महाराष्ट्र के एक वैद्य द्वारा की गई प्लास्टिक सर्जरी के विवरण के साथ का चित्र।

लेकिन एक साल के भीतर ही इनको पुनः साबूत नाक मिल गईं। पूना के पास के एक अज्ञातनाम महाराष्ट्री शल्य-चिकित्सक ने नासिका संधान विधि से इनको लगभग पूर्ववत बना दिया, इन्हें नई नाक दीं। ईस्ट इंडिया कंपनी के दो डॉक्टर थॉमस क्रूसो और जैम्स किंडले इस ऑपरेशन के समय वहां मौजूद थे। इन्होंने इस अद्भुत ऑपरेशन का चित्रमय विवरण मद्रास-गजेट में प्रकाशित किया। तदनंतर, अक्टूबर 1794 में लंदन के जेन्टलमैन्स मैगजीन में इस लेख का पुनर्मुद्रण हुआ। इस लेख में नाक की प्लास्टिक सर्जरी का वर्णन था :

'मोम की एक पतली परत को लेकर कटी नाक के स्थान पर उससे साबूत नाक का एक ढांचा बनाया जाता है। फिर मोम की इस परत को कपाल पर फैलाया जाता है। इस परत के चहुंओर कपाल पर रेखा खींची

जाती है। तब वैद्य इस रेखा पर त्वचा को काटता है। सिर्फ दोनों आंखों के बीच में त्वचा को यह परत कपाल के साथ जुड़ी रहती है। नाक के पुराने तथा नए अंशों के साथ जब तक संधान नहीं हो जाता तब तक यह जोड़ रक्त-प्रवाहक का काम करता है।

तदनंतर नाक के ठूंठ के घावचिह्न को दो भागों मे बांटा जाता है और नाक के चतुर्दिक की त्वचा में चीरा लगाया जाता है। फिर कपाल की नई त्वचा की मोड़कर इस नाक पर लाया जाता है और चीरे में फंसा दिया जाता है। नासिका की भित्ति तथा पक्षकों को भी बना दिया जाता है।

फिर पानी से भिगोये कत्थे को कपड़े की पट्टियों पर फैलाया जाता है और इनकी सहायता से नाक को चीरे के साथ मजबूती से जोड़ दिया जाता है। चार दिन तक सिर्फ इसी सिमेंट का इस्तेमाल होता है। फिर इसको हटाकर शुद्ध घी में डुबोये कपड़े की पट्टियां नाक पर रखी जाती है। करीब बीस दिन बाद, नाक को बेहतर आकार देने के लिए और थोड़ी-सी शल्यक्रिया की जाती है।

नासिका-संधान की इस शल्यक्रिया के बाद रोगी की पांच या छह दिन तक उतान लेटे रहना पड़ता है और दसवें दिन नासिका-पुटों में मुलायम कपड़े के टुकड़े डाले जाते हैं ताकि वे पर्याप्त खुले रह सकें।

इस प्रकार का ऑपरेशन हमेशा ही सफल रहता है। नई कृत्रिम नाक अच्छी तरह से बैठ जाती है और लगभग मूल नाक जैसी ही दिखाई देती है। कुछ समय के बाद कपाल का घावचिह्न भी अधिक स्पष्ट नहीं रह जाता।

लंदन के अनेक शल्यचिकित्सकों ने "भारतीय नाक" के इस विवरण को पढ़ा। तदनंतर यूरोप के कई शल्यचिकित्सकों ने इस दिशा में प्रयोग किए और सफलताएं प्राप्त की। प्लास्टिक सर्जरी का विकास हुआ। पिछली करीब दो सदियों में यूरोप के देशों में प्लास्टिक सर्जरी विकास किस प्रकार हुआ, इसकी चर्चा हम आगे करेंगे। उसके पहले यह जानना उपयोगी होगा कि भारत में इस विज्ञान के स्रोत कहां पाए जाते हैं।

आयुर्वेदशास्त्र पर लिखे गए प्राचीन भारत के दो प्रसिद्ध ग्रंथ हैं— **चरक-संहिता** और **सुश्रुत-संहिता**। चरक-संहिता में मुख्य रूप से काय-चिकित्सा की जानकारी है और सुश्रुत-संहिता में शल्य-चिकित्सा की। इन दोनों में चरक-संहिता अधिक प्राचीन है। चरक-संहिता की रचना ईसा की पहली

सदी में हुई और सुश्रुत-संहिता की एक-दो सदी बाद। परंतु इन दोनों ग्रंथों का आयुर्वेद-ज्ञान अधिक प्राचीन है। महत्व की बात यह है कि आज से दो हजार साल पहले हमारे देश का आयुर्वेद-ज्ञान को स्पष्ट भागों–काय-चिकित्सा व शल्य-चिकित्सा–में बंट गया था और इन पर स्वतंत्र ग्रंथों की रचना हो चुकी थी।

धन्वंतरि

सुश्रुत-संहिता के व्याख्याता **धन्वन्तरि** है। औपधेनव, सुश्रुत आदि उनके शिष्य हैं, जो धन्वन्तरि से शल्य-चिकित्सा का ज्ञान प्राप्त करते हैं। बाद में सुश्रुत ने इस ज्ञान की एक ग्रंथ का रूप दिया। यही ग्रंथ है सुश्रुत-संहिता।

यह सुश्रुत-संहिता ग्रंथ सूत्रस्थान, निदानस्थान आदि भागों में विभाजित है। उत्तरतंत्र नाम से इसका एक परिशिष्ट भी है। हम बता ही चुके हैं कि सुश्रुत-संहिता मुख्य रूप से शल्य-चिकित्सा का ग्रंथ है। इसलिए इसमें शल्य-चिकित्सा की विविध विधियों तथा उनमें प्रयुक्त होनेवाले औजारों की सूक्ष्म जानकारी दी गई है। इस ग्रंथ में शवच्छेदन का भी विवरण देखने को मिलता है।

इसी सुश्रुत-संहिता ग्रंथ के सूत्रस्थान के सोलहवें अध्याय में हमें तत्कालीन प्लास्टिक सर्जरी की विधियों के बारे में जानकारी मिलती है। कान, नाक और ओंठ की प्लास्टिक सर्जरी के लिए वहां कर्णव्यधबंधन (कर्णपाली), नासिका संधान तथा ओष्ठसंधान शब्दों का प्रयोग हुआ है।

हमारे देश में कान छेदने की प्रथा बहुत पुरानी है। अक्सर कान फट जाते हैं। सुश्रुत-संहिता में कर्ण बंधन की पंद्रह विधियां बतलाई गई हैं। तदनंतर नासिका संधान-विधि का वर्णन है। सुश्रुत कहते हैं :

"येन केन प्रकार से त्वचा और मांस से नासिका के अलग हो जाने पर इसके संधान की विधि को कहते हैं। वृक्ष के पत्र को नासिका के प्रमाण में काटकर इसके आकार की त्वचा की गंडपार्श्व (गाल के पिछले भाग) से

उखाड़ना चाहिए। परंतु इसका एक सिरा गंडपार्श्व से जुड़ा रहना चाहिए। इस त्वचा से नासिका के अग्रभाग को बनाकर और सूई आदि से जल्दी सीकर वैद्य को चाहिए कि वह बिना आलस्य किए इसे उत्तम बंधनों से बांध दे। पट्टी को ठीक तरह से बांध देने के समय श्वासमार्ग के लिए नासिका के छिद्रों को एरंड आदि के कोमल नालों से ऊंचा उठा देना चाहिए। बांधने से पहले लालचंदन, मुलहट्टी या रसांजन के बारीक चूर्ण को बुरक देना चाहिए। इसके ऊपर श्वेत रूई का पिचु रखकर ऊपर से तिल का तेल बार-बार लगाते रहना चाहिए। रोगी को घी पिलाना चाहिए। जब नई नाक का भली प्रकार से रोहण हो जाए और यह जुड़ जाए, तब पार्श्व से जुड़े हुए त्वचांश को काट देना चाहिए। नासिका यदि प्रमाण में छोटी रह जाए तो इसको पुनः बढ़ाने का यत्न करना चाहिए, और यदि मांस अधिक बढ़ जाए तो इसको काटकर फिर समान कर देना चाहिए।''

इसके आगे सुश्रुत लिखते हैं :

नाडीयोगं विनोष्ठस्य नासासन्धानवद्विधिम्।
य एवमेव जानीयात् स राज्ञः कर्तुमर्हति॥

अर्थात् ओठ की संधानविधि नाक की संधानविधि के समान ही है, किंतु इसमें एरंडनाल का उपयोग नहीं होता। जो वैद्य इस प्रकार की विधियों को जानता है, वह राजा की चिकित्सा करने योग्य है।

सुश्रुत द्वारा बतलाई गई नासिकाबंधन की इस विधि की यदि हम अठारहवीं सदी के अंतिम दशक में प्रयुक्त नासिकाबंधन की विधि के साथ तुलना करे तो स्पष्ट हो जाएगा कि इन दोनों विधियों में कोई मौलिक भेद नहीं है। अंतर केवल इतना ही है कि सुश्रुत ने गंडपार्श्व से त्वचा उखाड़ने को कहा है, जबकि उस महाराष्ट्रीय वैद्य ने कपाल से त्वचा उखाड़ी थी।

कैदी या दंडित व्यक्ति की नाक कटवा देने की प्रथा बहुत पुरानी है। नई नाक की आवश्यकता ने ही प्राचीन भारत में इस नासिकाबंधन विधि को जन्म दिया है। आनुवंशिकता से संबंधित आधुनिक गवेषणाओं से हम जानते हैं कि एक शरीर दूसरे शरीर के टिश्यू-सेलों को स्वीकार नहीं कर पाता। प्राचीन भारत के शल्य-चिकित्सक अनेकानेक प्रयोगों के अन्तर इस तथ्य को समझ गए थे। इसलिए उन्होंने उसी शरीर से त्वचा लेकर नासिकाबंधन आदि की विधियां खोज निकाली थीं।

प्लास्टिक सर्जरी का आविष्कार प्राचीन भारत में हुआ, इस तथ्य को सभी विद्वान स्वीकार करते हैं। प्राचीन यूनान के वैद्यों को प्लास्टिक सर्जरी का ज्ञान नहीं था। यूनान के महाकवि **होमर** ने अपने महाकाव्यों में तरह-तरह के जख्मों तथा उनके इलाजों की रोचक जानकारी दी है, परंतु नासिकाबंधन जैसी किसी विधि की उन्होंने जानकारी नहीं दी है।

पर रोमन शासन-काल में शल्यचिकित्सा की अधिक जरूरत थी। इतिहास के विद्यार्थी जानते हैं कि रोमन शासक गुलामों को ग्लेडियेटर बनाते थे और उनको लड़ाकर अपना मनोरंजन करते थे। अकसर इन ग्लेडियेटरों के नाक, कान, हाथ आदि अवयव कट जाते थे। युद्धों में भी सैनिकों के अवयव कट जाते थे। इन सब कारणों से रोमन-काल में शल्यचिकित्सा को प्रोत्साहन मिला।

ईसा की पहली सदी तक रोम के साथ भारत के अच्छे व्यापारिक संबंध स्थापित हो गए थे। दक्षिण भारत के कई स्थानों की खुदाई में उस काल के रोमन सिक्के व सुराकलश मिले हैं। अतः कोई आश्चर्य की बात नहीं कि रोमन वैद्यों को उस समय भारतीय नासिकाबंधन आदि विधियों की जानकारी मिली हो। हम देखते हैं कि ईसा की पहली सदी के पूर्वार्ध में रोमनों की सेवा में नियुक्त एक यूनानी वैद्य **केल्सुस्** अपने ग्रंथ में मुंह और नाक की प्लास्टिक सर्जरी की जानकारी देता है। बहुत संभव यही जान पड़ता है कि केल्सुस् को इन विधियों की जानकारी भारतीय व्यापारियों या वैद्यों से मिली होगी। शल्यचिकित्सा के इतिहासज्ञ **जार्ज बेकौफ** भी लिखते हैं–"केल्सुस् ने स्वयं चिकित्सक का व्यवसाय किया या नहीं, इसके बारे में जानकारी नहीं मिलती। परंतु उसने नाक, मुंह आदि की प्लास्टिक सर्जरी की भारतीय विधियों की अपने ग्रंथ में जानकारी दी है।"

कैल्सुस् के बाद करीब डेढ़ हजार साल तक फिर हमें यूरोप में प्लास्टिक सर्जरी के उल्लेख नहीं मिलते। पंद्रहवीं सदी में पुनः हम इटली के कुछ शल्यचिकित्सकों को प्लास्टिक सर्जरी करते हुए देखते हैं। 1442 ई. में सिसिली के एक सर्जन ब्रांका ने गाल से त्वचा लेकर नाक की प्लास्टिक सर्जरी की। ब्रांका के पुत्र एन्टोनियां ने पिता के कार्य को आगे बढ़ाया। फिर, सोलहवीं सदी के उत्तरार्ध में बोलोग्ना विश्वविद्यालय के एक प्रोफेसर गास्पर तागिलयाकोज्जी ने प्लास्टिक सर्जन के रूप में खूब ख्याति अर्जित

की। उन्होंने अपने ग्रंथ में हाथ की त्वचा लेकर नासिकासंधान करने की विधि बतलाई है और अनेक आकृतियां भी दी है। ताग्लियाकोज्जी के इस ग्रंथ (प्रकाशन 1597 ई.) को यूरोप में प्लास्टिक सर्जरी का आदिग्रंथ माना जाता है।

फिर भी यूरोप में अभी प्लास्टिक सर्जरी को सामान्य स्थान नहीं मिल पाया था। ईसाई धर्म प्लास्टिक सर्जरी का विरोधी था। ईसाइयों ने ताग्लियाकोज्जी को अपने धर्म से बहिष्कृत कर दिया और उसके शव को चर्च की श्मशानभूमि से निकलवाकर एक सामान्य स्थान पर गड़वा दिया था।

लेकिन यूरोप के लोगों के भी नाक कटते ही थे। उन्हें भी नकटे बने रहना पसंद नहीं था। धनी लोग सोने या चांदी की नकली नाक लगवा देते थे। यूरोप के प्रख्यात खगोलविद **टाइको द ब्राहे** (1546-1601) एक लड़की के पीछे अपने एक प्रतिद्वंद्वी से लड़ पड़े थे, जिसमें वे अपनी नाक खो बैठे थे। इस महान प्रतिभा ने सोने या चांदी की एक नकली नाक लगवा ली थी!

प्राचीन भरत में दंड के रूप में जब किसी व्यक्ति की नाक काट ली जाती थी तो कटी नाक को आग में फेंक दिया जाता था, ताकि अपराधी उससे अपनी नाक पुनः साबूत न बना ले। पर यूरोप में ऐसा नहीं होता था। अक्सर अपराधी की नाक काटने के समय नाई पास में मौजूद रहता था। वह कटी हुई नाक को उठाकर उसे ताजी डबल-रोटी में रख लेता था और बाद में इसे शराब से धोता था। अपराधी नाई के पास जाकर पुनः अपनी नाक जुड़वा लेता था। कटी हुई अपनी ही ताजी नाक आसानी से जुड़ जाती थी।

इन्हीं सब कारणों से मध्ययुगीन यूरोप में प्लास्टिक सर्जरी को सम्मान का स्थान नहीं मिल पाया। पंद्रहवीं-सोलहवीं सदी के इतालवी चिकित्सकों का प्लास्टिक सर्जरी का ज्ञान प्रसिद्धि नहीं पा सका। पर हमारे सामने मुख्य सवाल है—प्लास्टिक सर्जरी का यह भारतीय ज्ञान मध्ययुगीन यूरोप में कैसे पहुंचा?

दरअसल, भारतीय प्लास्टिक सर्जरी का यह ज्ञान ईरान और अरब देशों से होता हुआ स्पेन, इटली आदि देशों में पहुंचा था। इस्लाम के उदय

के पहले ही अनेक संस्कृत ग्रंथों के ईरान की पहलवी भाषा अनुवाद हो चुके थे। उदाहरणार्थ, ईरान के शासक **नौशिखां** (531-79 ई.) के समय में भारतीय कथा-ग्रंथ **पंचतत्र** का पहलवी में अनुवाद हुआ था। बाद में पहलवी से अरबी और सीरियाई भाषाओं में भी इसका अनुवाद हुआ। नौशिखां के शासन-काल में ही आयुर्वेद के अनेक ग्रंथों का पहलवी में भाषान्तर हुआ था।

ईसा की सातवीं-आठवीं सदियों में भी हमारे देश में प्लास्टिक सर्जरी होती थी। इस काल के वाग्भट नाम के दो प्रसिद्ध आयुर्वेदाचार्य अपने **अष्टांग-संग्रह** और **अष्टांग-हृदय** ग्रंथों में नासिकासंधान आदि विधियों की जानकारी देते हैं।

इसी समय अरबों का भारत के साथ संपर्क स्थापित हुआ। खलीफाओं के शासन-काल में बगदाद ज्ञान-विज्ञान का केंद्र बना। संस्कृत ग्रंथों के अरबी भाषा में अनुवाद होने लगे। भारतीय ज्योतिषी **ब्रह्मगुप्त** के ग्रंथों का इसी समय अरबी में अनुवाद हुआ। भारतीय चिकित्सा-ग्रंथों के भी अरबी में अनुवाद हुए बगदाद में अस्पतालों की स्थापना हुई। जानकारी मिलती है कि बगदाद में अनेक भारतीय चिकित्सक राजवैद्य तथा अस्पतालों के निरीक्षक नियुक्त किए गए थे।

ईसा की दसवीं सदी में अरबों (मूरों) का शासन स्पेन तक फैल गया था। इन मूरों ने स्पेन में कई विद्या केंद्र स्थापित किए। फ्रांस, इटली आदि देशों के ईसाई पंडित इन विद्याकेंद्रों में आकर अरबी ज्ञान का अध्ययन करने लगे। उसी समय यूरोपवालों को अरबी ग्रंथों के माध्यम से शून्य पर आधारित अंकपद्धति, प्लास्टिक सर्जरी आदि भारतीय आविष्कारों की जानकारी मिली।

पर इन नए आविष्कारों के विकास के लिए यूरोप में अभी अनुकूल वातावरण नहीं था। यही वजह है कि मध्ययुगीन यूरोप में प्लास्टिक सर्जरी को प्रोत्साहन नहीं मिल पाया। अठारहवीं सदी के अंतिम दशक में ही पुनः नए सिरे से यूरोप में इस ज्ञान का प्रवेश हुआ। हम बता ही चुके हैं कि इसका श्रेय ईस्ट इंडिया कंपनी के उन दो डॉक्टरों को है जिन्होंने भारत में नासिकाबंधन के ऑपरेशन को प्रत्यक्ष देखकर इसका विवरण प्रकाशित किया था।

लंदन के एक पत्र में प्रकाशित 'भारतीय नाक' के विवरण को पढ़कर कार्पुय नामक एक तरुण सर्जन की इसमें दिलचस्पी बढ़ी। उसने भारतीय विधि से नासिकाबंधन के कई ऑपरेशन किए और उनमें सफलता प्राप्त की। तदनंतर यूरोप के अन्य देशों में इस शल्यचिकित्सा का तेजी से प्रचार-प्रसार हुआ।

बीसवीं सदी में प्लास्टिक सर्जरी का और भी तेजी से विकास हुआ, विशेषतः महायुद्धों के कारण। इंग्लैंड के प्रख्यात सर्जन **हेरोल्ड गिल्लिज** ने प्रथम महायुद्ध के समय में प्लास्टिक सर्जन के रूप में ख्याति अर्जित की और अनेक सर्जनों को प्लास्टिक सर्जरी की ट्रेनिंग दी। गिल्लिज के एक सहयोगी **टी. किलनेर** 1944 में ऑक्स्फोर्ड विश्वविद्यालय में प्लास्टिक सर्जरी पहले प्रोफेसर नियुक्त हुए। पेरिस में 1933 में प्लास्टिक सर्जरी का प्रथम अंतर्राष्ट्रीय अधिवेशन हुआ और अगले साल से इस विषय के एक अंतर्राष्ट्रीय पत्र का प्रकाशन भी शुरू हुआ। 1955 ई. में प्लास्टिक सर्जरी की अंतर्राष्ट्रीय सोसायटी का पुनर्गठन हुआ।

इस प्रकार, अब प्लास्टिक सर्जरी को आधुनिक शल्य-चिकित्सा में एक सम्माननीय स्थान मिल गया है। प्राचीन भारत में अद्भुत प्लास्टिक सर्जरी का यह ज्ञान विकसित होकर आज सारी मानव-जाति की सेवा कर रहा है।

जंतर-मंतर

जंतर-मंतर हमारे देश की पुरानी वेधशालाएं हैं।

लगभग ढाई सौ साल पहले जयपुर नरेश सवाई जयसिंह ने पांच नगरों में इन भव्य वेधशालाओं का निर्माण करवाया था। सबसे पहले दिल्ली की वेधशाला बनी। तदनंतर इसी प्रकार की वेधशालाएं जयपुर, उज्जैन, मथुरा और वाराणसी में बनाई गईं। मथुरा की वेधशाला का अब कोई निशान बाकी नहीं बचा है। वाराणसी की वेधशाला 'मानमंदिर' के नाम से जानी जाती है। दिल्ली और जयपुर की वेधशालाएं 'जंतर-मंतर' के नाम से प्रसिद्ध हैं।

जंतर-मंतर के इन अद्‌भुत स्मारकों को देखकर दर्शकों के मन में कई सवाल उठते हैं : इन यंत्रों से आकाश के पिंडों का वेध कैसे होता था? ये ज्योतिष-यंत्र किन पुराने यंत्रों के आधार पर बने हैं? पहले के ज्योतिष यंत्र कैसे थे? इत्यादि।

पहली बात तो यह है कि जंतर-मंतर के ज्योतिष-यंत्र भारतीय परंपरा पर नहीं, बल्कि इस्लामी ज्योतिष-परंपरा पर आधारित है। सवाई जययिंह ने इन यंत्रों का निर्माण उलूगबेग की समरकंद वाली वेधशाला के यंत्रों के आधार पर किया है।

'वेध' शब्द 'व्यध्' धातु से बना है। 'व्यध्' का अर्थ है, 'बिंधना' या 'छेदना' या 'चोट करना'। आकाश के सूर्य, चंद्र, ग्रहों और नक्षत्रों को शलाका, यष्टि आदि साधनों से देखने को वेध कहते हैं। अतः जिस स्थान पर ये शलाका, यष्टि आदि यंत्र रखे जाते थे, उसे वेधशाला कहा गया।

दूरबीन का आविष्कार 1609 ई. में हुआ। उससे पहले के सारे ज्योतिष-यंत्र स्थितिमापक और कालमापक थे। किसी भी देश के प्राचीन

ज्योतिष के अध्येता को ऐसे किसी यंत्र या उपकरण का ज्ञान नहीं था जिससे वह आकाशस्थ पिंडों के भौतिक गुण धर्मों के बारे में जानकारी प्राप्त कर सके। दूरबीन का आविष्कार होने पर ही आकाश के पिंड नजदीक आए और रेडियो-दूरबीन, कैमरा, वर्णक्रमदर्शी आदि आधुनिक यंत्रों के आविष्कार के बाद ही हमें ग्रहों और नक्षत्रों आदि के बारे में भौतिकीय जानकारी प्राप्त होने लगी। किंतु आकाशीय पिंडों की स्थिति का अवलोकन करनेवाला सबसे प्राचीन यंत्र है, मानव की अपनी दृष्टि। सहस्रों सालों तक केवल अपनी दृष्टि से ही मनुष्य आकाश के ज्योतिपुंजों की गति-विधि का

दिल्ली के जंतर-मंतर का दृश्य

अध्ययन करता रहा। फिर उसने शलाका, यष्टि और शंकु जैसे सरल यंत्रों की खोज की।

हमारे देश में, आर्यभट-प्रथम के समय (499 ई.) से ज्योतिष-विज्ञान के वैभव का काल शुरू होता है। किंतु आर्यभट के 'आर्यभटीय' ग्रंथ में हमें किसी ज्योतिष-यंत्र की जानकारी नहीं मिलती। सौर, आर्य, ब्रह्म आदि सिद्धांत-ग्रंथों में भी ज्योतिष-यंत्रों के बारे में कोई जानकारी नहीं है। इसका अर्थ यह नहीं है कि उस जमाने में ज्योषि-यंत्र नहीं थे। यष्टि, शंकु और गोल जैसे यंत्र उस समय अवश्य मौजूद रहे होंगे। वराहमिहिर और ब्रह्मगुप्त के समय (ईसा की छठी सदी) में ज्योतिष-यंत्रों का इस्तेमाल होता था, इसके प्रमाण मिलते हैं। वराह ने लिखा है कि राजाओं को अपने यहां ज्योतिषी रखने चाहिएं और आकाश को कई भागों में बांटकर एक-एक ज्योतिषी से उनका वेध करवाना चाहिए। वराह के 'पंचसिद्धांतिका' ग्रंथ में एक 'यंत्राध्याय' भी है। ब्रह्मगुप्त ने भी कुछ ज्योतिष-यंत्रों की जानकारी दी है। परंतु ज्योतिष-यंत्रों के बारे में सबसे अधिक जानकारी मिलती है भास्कराचार्य (1150 ई.) के 'सिद्धांत-शिरोमणि' ग्रंथ में। इस ग्रंथ के 'गोलबंधाधिकार' और 'यंत्राध्याय' में ज्योतिष-यंत्रों की विस्तृत जानकारी है। भास्कर ने मुख्य रूप से गोल, नाड़ीवलय, यष्टि, शंकु, घटी, चक्र, चाप, तुर्य तथा फलक यंत्रों का विवरण दिया है। लकड़ी या धातुओं से बनने वाले ये यंत्र स्थितिमापक या कालमापक थे।

आर्यभट-प्रथम के साथ भारत के वैभव का जो युग शुरू हुआ था, वह भास्कराचार्य के साथ समाप्त हो गया। लगभग छह सदियों तक फिर भास्कर की टक्कर का कोई ज्योतिषी और गणितज्ञ भारत में पैदा नहीं हुआ। इस बीच इस्लामी देशों में ज्योतिष का अध्ययन जारी रहा और ज्योतिषशास्त्र का काफी विकास भी हुआ। खलीफ़ा अलमंसूर के शासन-काल (754-775 ई.) में बगदाद ज्ञान-विज्ञान का केंद्र बना। यूनानी ग्रंथों के अरबी में अनुवाद होने लगे। तालेमी (ईसा की दूसरी सदी) के ज्योतिष-ग्रंथ का 'अल्मजिस्ती' नाम से अरबी में अनुवाद हुआ। अलमंसूर के समय में ही ब्रह्मगुप्त के ज्योतिष-ग्रंथ ('ब्राह्मस्फुट-सिद्धांत' और 'खंडखाद्य') बगदाद पहुंचे और उनका भी अरबी में अनुवाद किया गया। इस प्रकार अरबी ज्योतिषियों ने यूनानी और भारतीय ज्योतिष के आधार पर इस्लामी ज्योतिष को जन्म दिया।

खलीफ़ाओं के शासन-काल में बगदाद और दमिश्क में वेधशालाओं का निर्माण हुआ। दमिश्क में अलूबत्तानी (850-929 ई.) और बगदाद में अबुल-वफ़ा (939-998 ई.) जैसे महान ज्योतिषियों ने वेधकार्य किया। अलूबत्तानी ने 'अल्मजिस्ती' पर नई टीका लिखी और अबुल-वफ़ा ने इसी नाम से एक नया ग्रंथ तैयार किया।

मंगोल-विजेता चंगेज खां के पोते हलाकू खां ने 1258 ई. में बगदाद पर अधिकार कर लिया। किंतु ज्योतिष के अध्ययन का सिलसिला खंडित नहीं हुआ। हलाकू के प्रयास से मेरेगा में एक उत्तम वेधशाला का निर्माण हुआ और प्रख्यात ज्योतिषी नसीरुद्दीन ने यहां पर अपना वेधकार्य जारी रखा। उसने कई नए ज्योतिष-यंत्रों का निर्माण किया और 'इलूखान' नाम से ज्योतिष की सारणियां तैयार की। परंतु 1273 ई. में नसीरुद्दीन की मृत्यु के बाद मेरेगा की वेधशाला के कार्य का अंत हो गया।

लगभग डेढ़ सौ साल बाद समरकंद में उलूगबेग (1394-1449 ई.) ने एक नई वेधशाला खड़ी की। चूंकि सवाई जयसिंह द्वारा बनवाए गए जंतर-मंतर के ज्योतिष-यंत्र काफी हद तक समरकंद की इस वेधशाला के आधार पर बने हैं, इसलिए उलूगबेग के बारे में कुछ जानकारी प्राप्त करना जरूरी है।

उलूगबेग ने अपने समय का संसार का सबसे बड़ा ज्योतिषी था। मध्य एशिया के प्रख्यात विजेता तैमूरलंग (1336-1405 ई.) से हम सभी परिचित हैं। 1397-98 ई. में उसने भारत पर चढ़ाई की थी और दिल्ली, मथुरा, हरिद्वार को लूटकर वह अपने देश को लौट गया था। उलूगबेग इसी तैमूर का पोता था। वह आमू और सिर नदियों के बीच के प्रदेश का शासक था और उस प्रदेश की राजधानी समरकंद में थी। उलूगबेग तैमूर की तरह युद्ध-प्रेमी नहीं था। काव्य, इतिहास और गणित-ज्योतिष उसके प्रिय विषय थे। उसकी मान्यता थी : "धर्म नष्ट हो जाते हैं, राज्य मिट जाते हैं, केवल विज्ञान ही अमर बना रहता है।"

उलूगबेग समरकंद के पास एक टीले पर एक वेधशाला का निर्माण किया। वेधशाला में पत्थर और संगमरमर के बड़े-बड़े यंत्र स्थापित किए। उसके दरबार में कई ज्योतिषियों को आश्रय मिला। कई साल वेधकार्य करके एक ज्योतिष-सारणी तैयार की गई। यह सारणी 'जीजे-उलूगबेग' के नाम से मशहूर है। ईसा की दूसरी सदी में प्रख्यात ज्योतिषी तालेमी ने

हिप्पार्कस (ई.पू. दूसरी सदी) की गणनाओं के आधार पर लगभग एक हजार तारों की एक सारणी तैयार की थी। तारों की इन सारणियों का बड़ा महत्व होता है। इनके आधार पर धरती के स्थलों की सही स्थिति ज्ञात करने में मदद मिलती है। समुद्र-यात्रा में ऐसी सारणियां बड़ी उपयोगी सिद्ध होती हैं। उलूगबेग और उसके सहयोगियों ने कई सालों के वेधकार्य के बाद 1018 तारों की एक नई ज्योतिष-सारणी तैयार की। ज्योतिषशास्त्र के इतिहास में हिप्पार्कस-तालेमी की सारणी के बाद यही दूसरी महत्वपूर्ण सारणी है।

उलूगबेग का यह ज्योतिष-प्रेम इस्लामी शेखों और दरवेशों की नजरों में खलने लगा। इन धर्मांधों ने उलूगबेग को गद्‌दी से उतारने का षड्यंत्र रचा और इसमें उलूगबेग के पुत्र अब्दुल्लतीफ को भी शामिल कर लिया। 24 अक्टूबर, 1449 के दिन पुत्र ने पिता को गद्‌दी से उतार दिया और उलूगबेग को प्रायश्चित के लिए मक्का की यात्रा करने का हुक्म सुनाया गया। उलूगबेग मक्का की ओर रवाना हुआ, किंतु उसके पुत्र ने दूसरा षडयंत्र रचकर रास्ते में ही उसका वध करवा डाला।

उलूगबेग के अंत के बाद उसकी वेधशाला को तहस-नहस कर डाला गया। किंतु इसके पहले ही उलूगबेग के एक विश्वासपात्र सहयोगी एवं शिष्य अलीकुश्ची ने उसके कागज-पत्रों और पांडुलिपियों को कब्जे में कर लिया और उनको लेकर वह कुस्तुंतुनिया पहुंचा। वहां उलूगबेग की सारणी प्रकाशित हुई। काहिरा और दमिश्क से भी पुनः ये सारणियां प्रकाशित हुईं। सत्रहवीं सदी में यूरोप के कई नगरों में उलूगबेग की सारणी प्रकाशित हुई और इसका लातीनी में भी अनुवाद हुआ।

समरकंद की वेधशाला खंडहर बन गई। बाद में उसका नामो-निशान भी मिट गया। वर्तमान सदी के पूर्वार्ध में सोवियत पुराविदों ने पुनः उलूगबेग की उस वेधशाला के अवशेषों को खोज निकाला है। जमीन के भीतर से एक विशाल सेकस्टैंट-वृत्तांश प्रकट हआ। यह ज्योतिष-यंत्र 'फाहरी-सेकस्टैंट' के नाम से जाना जाता है। जमीन के भीतर की चट्‌टान को काटकर बनाए गए इस सेकस्टैंट के वृत्तांश की लंबाई लगभग 200 फुट है और इसका अर्धव्यास 125 फुट। वृत्तांश के जमीन के ऊपर के अंश पर 100 फुट ऊंची एक मीनार बनी हुई थी। सोवियत पुराविदों ने इस यंत्र का पुनरुद्धार किया और एक नया प्रवेशद्वार भी बनवाया।

यूरोप के पुनर्जागरण-काल में बहुत-से अरबी ग्रंथों के लातीनी में अनुवाद हुए। अरबी के माध्यम से यूरोप के विद्वानों को प्राचीन यूनानी एवं भारतीय ज्ञान-विज्ञान की जानकारी मिली। यूरोप में कोपर्निकस, टाइको ब्राहे, केपलर और गैलीलियो जैसे महान ज्योतिषी हुए। आधुनिक ज्योतिष-विज्ञान की नींव पड़ी। यूरोप के ज्योतिषियों ने उलूगबेग की सारणी से बहुत लाभ उठाया। इस्लामी-ज्योतिष के प्रभाव के कारण ही आधुनिक यूरोपीय ज्योतिष में अल्तेयर, बेटेलगुज, वेगा, नादिर, ज़ेनिथ और अल्मानक जैसे दर्जनों अरबी शब्द रूढ़ हो गए।

जंतर-मंतर के निर्माता सवाई जयसिंह

इसी पृष्ठभूमि में सवाई जयसिंह के प्रयासों को हमें समझना होगा। राजपूताने के सामंतों में से आमेर के कछवाह राजाओं का शुरू से ही मुगल राजवंश के साथ सबसे घनिष्ठ संबंध रहा है। कछवाह राजकुमारियां मुगल शाहजादों को ब्याही गईं। राजा भगवान दास और मानसिंह को अकबर के दरबार में सम्मान के पद मिले। मैत्रीपूर्ण संबंधों का यह सिलसिला आगे भी जारी रहा। औरंगजेब के समय में आमेर के मिर्जा राजा (जयसिंह का मुगल-दरबार में काफी सम्मान था। राजा सवाई) जयसिंह-द्वितीय, जिन्होंने वेधशालाओं का निर्माण किया, इन्हीं मिर्जा राजा जयसिंह के प्रपौत्र थे।

तेरह साल की अल्पायु में 1699 ई. में सवाई जयसिंह आमरे की गद्दी पर बैठे। इसके सात साल बाद औरंगजेब की मृत्यु हुई। औरंगजेब के बाद क्रमशः बहादुरशाह, फ़र्रूखसियर और मुहम्मदशाह दिल्ली के तख्त पर बैठे। सवाई जयसिंह ने इन चारों बादशाहों का शासनकाल देखा। मुहम्मदशाह के शासन-काल (1719-48 ई.) में ही सवाई जयसिंह ने अपनी वेधशालाओं का निर्माण किया था। चौवालीस साल तक शासन करने के बाद 1743 ई. में सवाई जयसिंह की मृत्यु हो गई।

सवाई जयसिंह को बचपन से ही ज्योतिष और गणित के अध्ययन का शौक था। उनके दरबार में पंडितराज जगन्नाथ नाम के एक विख्यात ज्योतिषी थे। अरबी और फारसी भाषाओं का उन्हें अच्छा ज्ञान था। उन्होंने तालेमी के अरबी में अनूदित 'अल्मजिस्ती' ग्रंथ का संस्कृत भाषा में 'सिद्धांत-सम्राट' नाम से अनुवाद किया। इसमें 13 अध्याय, 141 प्रकरण और 196 क्षेत्र हैं। गद्य-पद्य मिश्रित इस अनुवाद-ग्रंथ में पंडितराज जगन्नाथ ने उलूगबेग और सवाई जयसिंह की ज्योतिष संबंधी नई मान्यताओं का कई बार उल्लेख किया है। ग्रंथ की प्रस्तावना का एक श्लोक है :

ग्रन्थं सिद्धान्तसम्राजं सम्राट् रचयित स्फुटम् ।
तुष्ट्ये श्रीजयसिंहस्य जगन्नाथाह्वयः कृतो ॥
अरबीभाषया ग्रंथो मिजास्तीनामकः स्थितः ।
गणकानां सुबोधाय गीर्वाण्या प्रकटीकृतः ॥

पंडितराज जगन्नाथ ने यूक्लिड (300 ई.पू.) के ज्यामिति ग्रंथ का भी किसी अरबी अनुवाद से संस्कृत भाषा में पहला अनुवाद किया था।

मुहम्मदशाह के शासनकाल में सवाई जयसिंह ने अपनी पहली वेधाशला 1724 ई. के आसपास राजधानी शाहजहानाबाद (दिल्ली) में स्थापित की। इसके बाद उन्होंने जयपुर, उज्जैन, मथुरा और वाराणसी में भी वेधशालाएं बनवाईं। आमेर के पास का वर्तमान जयपुर नगर सवाई जयसिंह ने ही बसाया था। चूंकि यह नगर 1728 ई. में बना है, इसलिए राजमहल के आहाते में स्थित वेधशाला भी 1728 ई. में या इसके एक दो साल बाद बनी है।

लगातार सात साल तक वेधकार्य करने के बाद ज्योतिष-सारणी तैयार हुई। दिल्ली के बादशाह मुहम्मदशाह के नाम पर इस सारणी को 'जीजमुहम्मद' नाम दिया गया था। इस ग्रंथ की प्रस्तावना से वेधशालाओं के निर्माण पर काफी प्रकाश पड़ता है। उसका एक अंश इस प्रकार है :

''सर्वव्यापक ईश्वर की शक्ति के सामने मनुष्य बिलकुल असमर्थ है। हिप्पार्कस और तालेमी उसके सामने एक गंवार किसान जैसे हैं। जमशिदकाशी और नशीरतुशी जैसे सहस्रों ज्योतिषी परिश्रम करके थक गए, पर किसी ने उसका पार नहीं पाया। आजकल के प्रचलित गणित ग्रंथों–सैयद गुरगणी और खयानी के ग्रंथ, इनशिलल मूलचंद और अकबरशाही ग्रंथ, हिंदुओं और यूरोपियनों के ग्रंथ–से दृक्प्रत्यय संभव नहीं। विशेषतः नूतन चंद्रदर्शन, ग्रहों के उदयास्त, ग्रहण तथा ग्रहयुतियों संबंधी इनकी गणनाएं वेध से मेल नहीं खाती।

''मुहम्मद बादशाह को यह बात मालूम होने पर उन्होंने जयसिंह को इसका निर्णय करने को कहा। समरकंद में मिर्जा उलूगबेग ने जैसे यंत्र बनाए थे, वैसे ही दिल्ली में बनवाए गए। जयसिंह ने सोचा कि सूक्ष्मता के बारे में मेरी जो कल्पनाएं हैं, वे पीतल के यंत्रों से सिद्ध नहीं होंगी, क्योंकि वे छोटे होते हैं, उनमें कलाओं के भाग बनाना कठिन है, धुरे घिस जाते हैं, खिसक जाते हैं, वृत्त के बीच के छिद्र मोटे हो जाते हैं और वे यंत्र टेढ़े हो जाया करते हैं। उन्हें मालूम हुआ कि इसी कारण हिप्पार्कस और तालेमी आदि की गणनाएं वेध से मेल नहीं खातीं।

''यह सोचकर जयसिंह ने जयप्रकाश, रामयंत्र, सम्राटयंत्र इत्यादि पत्थर और चूने के सुदृढ़ यंत्र बनवाए। सम्राटयंत्र का अर्धव्यास 18 हाथ और इस पर अंकित प्रत्येक कला डेढ़ जौ के बराबर है। इन यंत्रों को

बनाते समय सूक्ष्म माप, रेखागणित के नियम, याम्योत्तरवृत्त (मध्याह्न-रेखा) और स्थानीय अक्षांशों का पूरा-पूरा ध्यान रखा गया है। इस प्रकार दिल्ली की वेधशाला स्थापित की गई। दिल्ली में किए गए वेधों की परीक्षा करने के लिए जयपुर, मथुरा, काशी और उज्जैन में वेधशालाएं बनवाई गई।''

स्पष्ट है कि इस्लामी ज्योतिष-ग्रंथों का जयसिंह ने अध्ययन किया था। उन्होंने कुछ अरबी ग्रंथों के संस्कृत में अनुवाद भी करवाए और अपनी वेधशाला के यंत्रों के निर्माण के लिए उलूगबेग की वेधशाला के यंत्रों से प्रेरणा ग्रहण की थी। भारत के बाहर, न केवल इस्लामी देशों में, बल्कि यूरोप के देशों में भी क्या-क्या ज्योतिषीय अनुसंधान हो रहे हैं, यह जानने के लिए भी वह बराबर उतावले रहते थे। यूरोपीय ज्योतिष की जानकारी हासिल करने के लिए और अपने दरबार में यूरोप के ज्योतिषियों को आमंत्रित करने के लिए उन्होंने जो प्रयास किए, वे जानने लायक हैं।

उस समय मुगल दरबार में पुर्तगाली शासन का प्रतिनिधि एक जेसुइट पादरी मैनुअल फिगुएरेदो रहता था। जयसिंह से एक बार उसकी भेंट हुई। जयसिंह ने जब उससे यूरोप के ज्योतिष के बारे में चर्चा की तो उसने कोपर्निकस, टाइको ब्राहे, केपलर और न्यूटन आदि के नए सिद्धांतों के बारे में जयसिंह को जानकारी दी होगी। इस चर्चा से जयसिंह यूरोप के ज्योतिष की नई बातें जानने के लिए उतावले हो उठे। उन्होंने तुरंत फादर मैनुअल के नेतृत्व में पुर्तगाल के तत्कालीन राजा डॉन जोओ पंचम के पास एक दूत-मंडली भेजी और संदेश भेजा कि वह यूरोप के एक योग्य ज्योतिषी को जयपुर भेजें।

भारत में गोवा के आसपास के क्षेत्र में पुर्तगालियों का शासन स्थापित हो चुका था। पुर्तगाली जानते थे कि मुगल दरबार में जयसिंह का बड़ा प्रभाव है। इस बात को ध्यान में रखते हुए पुर्तगाल के राजा ने एक विद्वान ज्योतिषी को जयपुर भेजना निश्चित किया। अंत में जेवियर द सिल्वा का चुनाव हुआ। लंबी और कठिन यात्रा के बाद ज्योतिषी जेवियर द सिल्वा 1730 ई. के अंतिम दिनों में जयपुर पहुंचा।

जेवियर द सिल्वा से जयसिंह ने यूरोपीय ज्योतिष के बारे में बहुत-सी जानकारी प्राप्त की। जेवियर द सिल्वा ने जयसिंह को फ्रांसीसी ज्योतिषी दे ला हायर (1640-1718 ई.) द्वारा तैयार की गई ज्योतिष-सारणियां भी

दीं। जयसिंह ने जब अपने प्रेक्षणों के आधार पर इन सारणियों का परीक्षण किया, तो उन्हें इसमें गलतियां दिखाई दीं। उन्होंने जाना कि इनमें चंद्र की स्थिति आधा अंश गलत है, और उन्होंने यह भी देखा कि इन सारणियों की चंद्र तथा सूर्य ग्रहणों संबंधी गणनाएं पूर्णतः शुद्ध नही हैं।

जेवियर द सिल्वा ने महाराजा सवाई जयसिंह को केपलर और न्यूटन के नए गणित-सिद्धांतों तथा गैलीलियो द्वारा दूरबीन के आविष्कार की जानकारी दी या नहीं, यह बताना कठिन है। केपलर आदि के ग्रह-गतियों संबंधी नए सिद्धांत बाइबल के पुराने भूकेंदवादी सिद्धांतों के विपरीत हैं। साथ ही गैलीलियो की नई मान्यताओं को ईसाई धर्मगुरुओं ने अस्वीकृत किया था और गैलीलियो को अंतिम दिनों में कैद में डाल दिया गया था। अतः संभव यही जान पड़ता है कि जेवियर द सिल्वा ने जयसिंह को नए सूर्यकेंद्रवादी सिद्धातों एवं दूरबीन के आविष्कार के बारे में जानकारी न दी हो। क्योंकि जयसिंह को यदि दूरबीन जैसे अद्भुत यंत्र के बारे में जानकारी मिलती तो वह उसे हर हालत में प्राप्त करने की कोशिश करते।

जेवियर द सिल्वा स्वदेश कब लौटे, इसके बारे में कोई ठोस जानकारी नहीं मिली। 1733 ई. में जयसिंह ने चंद्रनगर के दो फ्रांसीसी जेसुइट विद्वानों–पोंस और क्लाउदे बोदियर–को अपने यहां आमंत्रित किया। लेकिन जयपुर की जलवायु को सह न सकने के कारण ये जल्दी ही चंद्रनगर लौट गए।

इसके बाद जयसिंह ने पुतर्गाली वायसराय से यूरोपीय ज्योतिषियों को भिजवाने का पुनः आग्रह किया। वायसराय ने इस बार दो बेवेरियन जेसुइट, फादर एंथोनी गोबेल्सबेर्गेर और आंद्रेव स्त्रोंबेल, को जयपुर भेजने की व्यवस्था की। 1739 ई. में दिल्ली पर नादिरशाह का हमला हुआ। इसके बाद ही 1740 ई. में ये पादरी जयपुर पहुंचे। सवाई जयसिंह ने इनका स्वागत किया और इनके निवास का उचित प्रबंध किया।

लेकिन अगले साल ही, गोबेल्सबेर्गेर की मृत्यु हो गई। दो साल बाद स्वयं सवाई जयसिंह की भी मृत्यु हो गई। 'राजस्थान का इतिहास' के लेखक कर्नल टॉड ने लिखा है : "उसकी तीन रानियां और अनेक उप-पत्नियां उसके शव के साथ जलकर सती हो गईं। उसने जिस विज्ञान की जीवन भर उन्नति की थी, उसकी मृत्यु के साथ ही वह लोप हो गया।" जयसिंह की मृत्यु के कुछ दशकों बाद उनकी बनवाई हुई वेधशालाएं खंडहर बनती

गईं, वेधशालाओं के तांबे के यंत्र बेच दिए गए और उन्होंने बड़े परिश्रम से जिन ग्रंथों का संग्रह किया था, वह बिखर गया। टॉड लिखते हैं : "जयसिंह ने जिन ग्रंथों का संग्रह करने में अत्यधिक परिश्रम और धन व्यय किया था, उसके दो भाग कर दिए गए थे। उनका एक भाग किसी प्रकार जयपुर की एक साधारण वेश्या के अधिकार में पहुंच गया था।"

जिस प्रकार उलूगबेग की हत्या के बाद उसकी वेधशाला खंडहर बन गई थी, उसी प्रकार जयसिंह की मृत्यु के बाद उनकी वेधशालाओं की सुध-बुध लेनेवाला कोई नहीं रहा। जयपुर की वेधशाला राजभवन के आहाते के भीतर है, इसलिए वह अधिक सुरक्षित रही। दिल्ली की वेधशाला खंडहर बनती जा रही थी। इसलिए अंग्रेजों के प्रयत्नों से इसके यंत्रों की एक-दो बार मरम्मत की गई। अठारहवीं सदी के अंतिम दशक में विलियम हंटर ने जयसिंह की चार वेधशालाओं को देखकर 'एशियाटिक रिसर्चेज़' (1797 ई.) में उनका विवरण प्रस्तुत किया। पिछली सदी में काशी के प्रख्यात गणित-ज्योतिषी बापूदेव शास्त्री ने काशी के मानमंदिर के बारे में एक पुस्तक लिखी। फिर, 1918 ई. में जी.आर. काए ने जयसिंह की वेधशालाओं के बारे में एक ग्रंथ प्रकाशित किया।

दिल्ली की वेधशाला के चार प्रमुख यंत्र हैं—सम्राट्-यंत्र, रामयंत्र, जयप्रकाश-यंत्र और मिश्र-यंत्र। जैसा कि पहले कहा जा चुका है ये सारे यंत्र स्थितिमापक और कालमापक हैं।

जंतर-मंतर में प्रवेश करते ही सम्राट-यंत्र की त्रिभुजाकार दीवार ध्यान आकर्षित करती है। यह समकोण-त्रिभुज शंकु या धूप-घड़ी (ग्नोमोन) है। अपनी बड़ी भुजा पर यह त्रिभुज ठीक उत्तर-दक्षिण खड़ा है। उत्तर की ओर इसकी छोटी भुजा ऊर्ध्वाधर है और इसका कर्ण समतल के साथ 28°39" अंशों का कोण बनाता हुआ उठा हुआ है। चूकि दिल्ली का अक्षांश भी 28°39" ही है, इसलिए इस कर्ण का सिरा खगोल में ध्रुव की ओर निर्देश करता है। इस त्रिभुज के दोनों ओर दो वृत्तांश या वृत्तपाद हैं, जो विषुववृत के समतल में स्थापित किए गए हैं। त्रिभुज के कर्ण पर तथा वृत्तांशों पर काल-विभाजन की रेखाएं एवं अंक खुदे हुए हैं। वृतांशों पर पड़ी त्रिभुज की छाया से दिल्ली का स्थानीय समय ठीक-ठीक ज्ञात हो जाता है। त्रिभुज के कर्ण पर यदि शंकु लगाया जाए, तो दिन के समय सूर्य की ओर रात्रि के

समय ग्रह-नक्षत्रों की क्रांति (डेक्लिनेशन) ज्ञात हो जाती है। इस त्रिभुज की तलहटी में षष्टांश नाम का एक यंत्र था, जो नष्ट हो चुका है और अब सम्राट-यंत्र की तलहटी में पानी भरा हुआ है।

सम्राट-यंत्र के दक्षिण में दो गोलार्ध बने हुए हैं। इनका नाम जयप्रकाश-यंत्र है। दरअसल, ये दो गोलार्ध एक-दूसरे के परिपूरक हैं। अवलोकन की सुविधा के लिए ही एक यंत्र को दो भागों में बांटा गया है। इनमें खाली स्थान ऐसे हैं कि ये यंत्र एक-दूसरे में फिट बैठ सकते हैं। जयप्रकाश यंत्र खगोल का प्रतिरूप है। पलस्तर किए हुए इसके खोखले गोलार्धों पर दिगंश-वृत्त, याम्योत्तर-वृत्त, विषुव-वृत्त तथा ध्रुव एवं खमध्य (ज़ेनिथ) दिखाए गए हैं। इन गोलार्धों के किनारे समतल क्षितिज पर हैं और इन पर अंशों एवं मिनटों के निशान खुदे हुए हैं। इस यंत्र का इस्तेमाल करने के लिए गोलार्धों के किनारों पर समतल में उत्तर-दक्षिण और पूर्व-पश्चिम दिशाओं में बारीक तार लगाए जाते थे। बीच में जहां ये तार एक दूसरे को काटते थे, वहां केंद्र में छेदवाला धातु का कोई वृत्ताकार टुकड़ा जोड़ा जाता था। इस छेद में से गुजरनेवाले सूर्य के बिंब का अवलोकन करके सूर्य की स्थिति ज्ञात की जाती थी। इस यंत्र से नक्षत्रों एवं राशियों की स्थितियां और गतियां भी जानी जाती थीं।

जयप्रकाश-यंत्र के दक्षिण में सिलिंडर के आकार के जो दो स्मारक हैं, वे राम-यंत्र हैं। जयप्रकाश-यंत्र की तरह ही राम-यंत्र को भी दो भागों में बांटा गया है। ये एक-दूसरे के परिपूरक हैं। इनके बीच में एक-एक गोलाकार खंभा है, समतल में त्रिज्याओं जैसे पत्थर के क्षेत्रक (सेक्टर) हैं और चारों ओर गोलाकार ऊंची दीवारें हैं। प्रेक्षण के लिए सेक्टर इस प्रकार बनाए गए हैं कि इनके बीच में खाली जगह हे। इस संयुक्त यंत्र में से एक के सेक्टर दूसरे के खाली स्थानों पर ठीक बैठ सकते हैं। इसी प्रकार, दोनों की दीवारें एक-दूसरे पर स्थापित की जाएं तो संयुक्त दीवार में कोई खाली स्थान नहीं बचेगा। वस्तुतः सुविधा के लिए ही एक यंत्र को दो भागों में बांटा गया है। राम-यंत्र की सहायता से आकाशीय पिंडों के दिगंश तथा उन्नतांश ज्ञात किए जाते थे। इसके लिए दीवार तथा सेक्टरों को डिग्रियों में विभाजित किया गया है। दीवार का शीर्ष भाग 0° माना गया। दीवार को नीचे की और क्रमशः अंशों में विभाजित किया गया है। जहां सेक्टर

और दीवार एक-दूसरे से मिलते हैं, उसे 45° माना गया। इसके बाद समतल के सेक्टरों पर, परिधि से केंद्र की ओर, क्रमशः 45° से 90° अंशों तक को विभाजक रेखाएं खोदी गई हैं। दीवार और सेक्टरों पर उकेरी गईं इन विभाजक-रेखाओं से आकाशस्थ पिंडों के उन्नतांश ज्ञात हो जाते हैं। दिगंश ज्ञात करने के लिए दोनों संयुक्त यंत्रों के सेक्टरों को 360 डिग्रियों में बांटा गया है। इस प्रकार, सुविधानुसार दो में से किसी भी एक यंत्र की सहायता से प्रेक्षण किया जा सकता है।

राम-यंत्र से दिन के समय सूर्य का दिगंश तथा उन्नतांश तो ज्ञात हो ही जाता है। रात के समय आकाशस्थ ग्रह-नक्षत्रों के उन्नतांश तथा दिगंश भी ज्ञात किए जा सकते हैं। खंभे के साथ धागे को बांधकर और इस धागे के दूसरे सिरे को दीवार या सेक्टरों पर लगाकर यह कार्य किया जा सकता है। रात के समय खंभे पर शंकु लगाकर भी ग्रह-नक्षत्रों के उन्नतांश तथा दिगंश ज्ञात किए जा सकते हैं।

सम्राट्-यंत्र के उत्तर में थोड़ी बाईं ओर एक अद्भुत ज्योतिष-यंत्र है–मिश्र-यंत्र। जैसा कि नाम से ही जाहिर है, यह कई यंत्रों की एक मिश्रित योजना है। बीच में धूप-घड़ी (ग्नोमोन) है और इसके दोनों ओर दो-दो अर्धवृत्त हैं। पूर्व और पश्चिम की ओर दो लघु सम्राट-यंत्र हैं। मिश्र-यंत्र वस्तुतः चार यंत्रों की संयुक्त योजना है : (1) सम्राट्-यंत्र, (2) दक्षिणोभित्ति-यंत्र (3) नियतचक्र-यंत्र, और (4) कर्कराशिवलय-यंत्र।

जैसा कि पहले बताया जा चुका है, सम्राट्-यंत्र से समय क्रांति ज्ञात की जाती है। यहां पर यह यंत्र दो भागों में बांटा गया है। आधा पूर्व की ओर है और आधा पश्चिम की ओर। पहले का इस्तेमाल अपराह्न में होता है और दूसरे का सुबह। नियतचक्र-यंत्र के चार अर्धवृत्त बीच के ग्नोमोन के साथ मिलते हैं। इसके बीच में दंड को धारण करने के लिए छेद बना हुआ है। प्रातःकाल और सायंकाल के कुछ विशिष्ट समयों पर इस यंत्र से सूर्य की क्रांति ज्ञात भी जाती है। साथ ही यह यंत्र पृथ्वी के चार विशेष स्थानों का मध्याह्न-काल भी बतलाता है। ये चार स्थान हैं–ग्रीनविच (इंग्लैंड), जूरिख (स्विट्ज़रलैंड), नात्के (जापान) और सेरिच्यू (पिक्-द्वीप, प्रशांत महासागर)।

वृत्तांश के रूप में दक्षिणोभित्ति-यंत्र पूर्व की ओर की दीवार पर बना हुआ है। ठीक उत्तर-दक्षिण रेखा में स्थापित यह यंत्र आकाशस्थ पिंडों के

उन्नतांश अथवा खमध्य दूरियां ज्ञात करने के लिए बना है। आकाशस्थ पिंड जब याम्योत्तर-रेखा पर आता है, तब इस यंत्र का इस्तेमाल होता है। इसके लिए वृत्तांश के केंद्र में एक खूंटी गाड़ी जाती थी और इससे धागा बांधकर आकाशस्थ पिंड के साथ उसका संधान बिठाया जाता था।

मिश्र-यंत्र की उत्तरी दीवार पर एक विशाल अर्धवृत्त के रूप में कर्कराशिवलय-यंत्र बना हुआ है। यह उत्तरी दीवार दक्षिण की ओर 5° झुकी हुई है। इय यंत्र से सूर्य का कर्क राशि में प्रवेश ज्ञात होता है।

अक्सर पूछा जाता है कि क्या अब इन यंत्रों की कोई उपयोगिता नहीं रह गई है? नहीं, क्योंकि अब छोटे, हलके और अधिक सूक्ष्म ज्योतिष-यंत्रों की खोज हो चुकी है। पर फिर भी इन ज्योतिष-यंत्रों का ऐतिहासिक महत्व है। ये यंत्र बहुत पुराने नहीं हैं। भारतीय ज्योतिष-यंत्रों के नाम पर अब केवल यही स्मारक शेष बचे हैं। ये हमारे देश की अमूल्य संपत्ति हैं, संग्रहालयों में सुरक्षित ऐतिहासिक वस्तुओं की तरह।

हमारे देश की राजधानी नई दिल्ली का केंद्रस्थल कनॉट-प्लेस। यहां से करीब एक फर्लांग की दूरी पर एक घेरे के भीतर ईंट-पत्थर के बने हुए कुछ स्मारक हैं। इन्हीं का नाम जंतर-मंतर है।

मूल शब्द है यंत्र-मंत्र। आम जनता ने इसे जंतर-मंतर बना डाला। दरअसल, जंतर-मंतर का अर्थ है वेधशाला। आकाश के ग्रह-नक्षत्रों की गति-स्थिति का अध्ययन करने के लिए जिस स्थान पर ज्योतिष-यंत्र

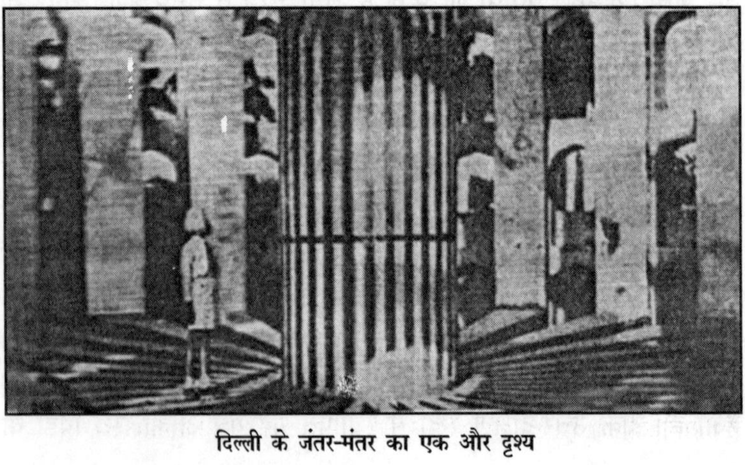

दिल्ली के जंतर-मंतर का एक और दृश्य

स्थापित किए जाते हैं उसे वेधशाला कहते हैं। जंतर-मंतर हमारे देश की पुरानी वेधशालाएं हैं। इन्हीं के बारे में हमें कुछ बातें जाननी हैं।

नई दिल्ली का जंतर-मंतर लगभग ढाई सौ साल पुराना है। इसे जयपुर के महाराजा सवाई जयसिंह द्वितीय ने बनवाया था। दिल्ली के अलावा उन्होंने इसी प्रकार के ज्योतिष-यंत्र जयपुर, उज्जैन, मथुरा और वाराणसी में भी बनवाए थे। इनमें से दिल्ली और जयपुर के जंतर-मंतर ही अब अच्छी हालत में हैं।

आज खगोल-विज्ञान बहुत उन्नति कर चुका है। आदमी चंद्रमा पर उतर चुका है। धरती से भेजे गए मानव-रहित अंतरिक्ष-यान मंगल और शुक्र ग्रह पर उतर चुके हैं। अब धरती पर बड़ी-बड़ी वेधशालाएं हैं। इनमें तरह-तरह के आधुनिक ज्योतिष-यंत्र स्थापित किए गए हैं। बड़ी-बड़ी दूरबीन हैं, रेडियों-दूरबीनें हैं, आकाश के चित्र उतारने के लिए उत्तम कैमरे है, तेजी से गणनाएं करने के लिए कम्प्यूटर हैं।

इन आधुनिक यंत्रों का आविष्कार पिछले तीन-चार सौ सालों में हुआ है। गैलीलियो ने 1609 ई. में संसार की पहली दूरबीन बनाई। लेकिन दूरबीन के आविष्कार के पहले भी ज्योतिषी आकाश के ग्रह-नक्षत्रों की गतिविधियों का अध्ययन करते थे। सूर्य, चंद्र, ग्रह और नक्षत्रों की गतियों एवं स्थितियों को जानने के लिए वे ज्योतिष-यंत्रों का इस्तेमाल करते थे। उन यंत्रों का विकास होते-होते ही बाद में जंतर-मंतर जैसे ज्योतिष-यंत्र बने हैं।

हमारे देश में आर्यभट (500 ई.), ब्रह्मगुप्त (छठी सदी), वराहमिहिर (छठी सदी) और भास्कराचार्य 1150 ई. जैसे महान ज्योतिषी हुए। इन्होंने ज्योतिष और गणित पर ग्रंथ लिखे। इन ग्रंथों में ज्योतिष-यंत्रों के बारे में भी जानकारी मिलती है। जैसे, भास्कराचार्य ने अपने 'सिद्धांत-शिरोमणि' ग्रंथ में ज्योतिष-यंत्रों के बारे में एक प्रकरण ही लिखा है।

पर उस काल के किसी भी ज्योतिष-यंत्र का नमूना आज देखने को नहीं मिलता। उस समय के यंत्र लकड़ी या तांबे या पीतल के होते थे और छोटे आकार के होते थे। यही वजह है कि अब वे नष्ट हो गए हैं। जंतर-मंतर के ज्योतिष-यंत्र ईंट-पत्थर और चूने से बने हैं। आकार में भी ये बहुत बड़े हैं। यही कारण है कि ढाई सौ साल के बाद भी ये टिके हुए हैं।

हम बता चुके हैं कि ये जंतर-मंतर महाराजा जयसिंह द्वितीय ने बनवाए हैं। तेरह साल की छोटी उम्र में 1699 ई. में वे आमेर राज्य की गद्दी पर बैठे। गणित और ज्योतिषशास्त्र के अध्ययन का उन्हें शौक था। उन्होंने अपने दरबार में अनेक नामी ज्योतिषियों को आश्रय दिया था। तब तक जयपुर शहर नहीं बना था। जयसिंह ने सीधी और चौड़ी सड़कों वाला और सुंदर इमारतों वाला जयपुर नगर बसाया।

जयसिंह ने जाना कि 'सूर्य-सिद्धांत' जैसे पुराने ज्योतिष-ग्रंथों के आधार पर गणनाएं करें तो आकाश के ग्रह-नक्षत्रों की वास्तविक स्थिति से वे मेल नहीं खाती। इसलिए आकाश के ग्रह-नक्षत्रों की नई स्थितियों को जानना जरूरी हो गया था। उन्होंने अरबी-फारसी के ज्योतिष ग्रंथों का भी अध्ययन किया। महान यूनानी ज्योतिषी तालेमी (ईसा की दूसरी सदी) ने ज्योतिषशास्त्र पर एक ग्रंथ लिखा था। अल्मजिस्त नाम से इस ग्रंथ का अरबी में अनुवाद हुआ था और इस्लामी ज्योतिषियों में यह खूब मशहूर था।

जयसिंह ने इस ग्रंथ का "सम्राट-सिद्धांत" नाम से संस्कृत में अनुवाद करवाया। उन्होंने अरबी ज्योतिषियों की सारणियां भी प्राप्त की। फिर भी उनका काम नहीं बना। उन्होंने देखा कि इनके आधार पर की गई गणनाएं भी वास्तविक स्थिति से मेल नहीं खाती।

ऐसी हालत में केवल एक ही उपाय था—पुनः नए सिरे से आकाश के पिंडों की स्थितियों की गणनाएं की जाए। इसके लिए ज्योतिष-यंत्रों की जरूरत थी, अधिक सूक्ष्म ज्योतिष यंत्रों की। उन्होंने देखा कि तांबे या पीतल के यंत्र छोटे होते हैं, घिस जाते हैं और हिलते-डुलते हैं। इसलिए उन्होंने ईंट-पत्थर के विशाल यंत्र बनाने का निश्चय किया।

उजबेकिस्तान सोवियत रूस में समरकंद नाम का एक प्रसिद्ध नगर है। जयसिंह के करीब तीन सौ साल पहले उलूगबेग (1394-1449 ई.) समरकंद का शासक था। जयसिंह की तरह उलूगबेग को भी ज्योतिष के अध्ययन का शौक था। वह तैमूर का पोता था। शासक होने पर भी वह अपना अधिक समय आकाश के ग्रह-नक्षत्रों के अध्ययन में गुजारता था।

उलूगबेग ने समरकंद में एक वेधशाला की स्थापना की थी। इस वेधशाला के यंत्र भी ईंट-पत्थर के बने थे और बहुत बड़े थे। सोवियत पुराविदों ने अब पुनः उलूगबेग की उस वेधशाला की टीले के भीतर से खोज

उलूगबेग

निकाला है। उलूगबेग ने इस वेधशाला के यंत्रों की सहायता से आकाश के लगभग एक हजार तारों की एक सारणी तैयार की थी। यह सारणी पहले के सभी ज्योतिषियों की सारणियों से बेहतर थी। बाद में यूरोप के देशों में भी उलूगबेग की यह सारणी प्रकाशित हुई और वहां के ज्योतिषियों ने इससे लाभ उठाया।

महाराजा जयसिंह ने समरकंद की उस वेधशाला के बारे में विवरण प्राप्त किया। उन्होंने समरकंद की वेधशाला के यंत्रों की तरह ईंट-पत्थर के विशाल ज्योतिष-यंत्र बनवाने का निश्चय किया। उस समय दिल्ली में मुगल सम्राट मुहम्मदशाह का शासन था।

मुहम्मदशाह के आदेश से उन्होंने पहली वेधशाला, 1724 ई. के आसपास, दिल्ली में स्थापित की। वे स्वयं लिखते हैं :

''मैंने राजधानी शाहजहानाबाद (दिल्ली) में स्वयं आविष्कार करके पत्थर और चूने के मजबूत जयप्रकाश, राम-यंत्र, सम्राट-यंत्र आदि का निर्माण किया।...इन यंत्रों को बनाते समय ज्यामिति के नियम, सूक्ष्म माप, मध्याह्न-रेखा और स्थानीय अक्षांशों का पूरा-पूरा ध्यान रखा गया है।''

''इस प्रकार वैज्ञानिक पद्धति से वेधशाला का निर्माण किया गया और तारों तथा ग्रहों की गणना और निरीक्षण में पाए जाने वाले दोष इन यंत्रों की सहायता से दूर कर दिए गए।''

दिल्ली के बाद जयसिंह ने जयपुर, उज्जैन, मथुरा और वाराणसी में भी इसी प्रकार की वेधशालाएं बनवाईं। मथुरा की वेधशाला का अब कोई निशान बाकी नहीं बचा है। वाराणसी की वेधशाला 'मान-मंदिर' के नाम से जानी जाती है। जयपुर की वेधशाला दिल्ली की वेधशाला से बेहतर हालत में है और वहां यंत्र भी अधिक हैं। लेकिन यहां हम दिल्ली के जंतर-मंतर के ही ज्योतिष-यंत्ररों की थोड़ी जानकारी देंगे।

जंतर-मंतर के इन यंत्रों का मुख्य उपयोग है आकाश के पिंडों की सही स्थिति ज्ञात करना। दूसरा उपयोग है सही समय ज्ञात करना। इनके अलावा ये यंत्र हमें आकाशीय पिंडों के बारे में कोई जानकारी नहीं दे सकते। दूरबीन की तरह ये यंत्र आकाश के पिंडों को बड़ा करके नहीं दिखा सकते। ये यंत्र हमें ग्रह-नक्षत्रों की सही दूरी और उनके भौतिक गुणधर्मों के बारे में भी जानकारी नहीं दे सकते।

दिल्ली के जंतर-मंतर के प्रमुख यंत्र हैं—सम्राट-यंत्र, जयप्रकाश-यंत्र, राम-यंत्र और मिश्र-यंत्र।

इनमें प्रमुख और सबसे बड़ा है सम्राट-यंत्र। इसके दो भाग हैं—एक विशाल त्रिभुज और इसके दोनों ओर दो वृत्तांश। त्रिभुज अपनी बड़ी भुजा पर उत्तर-दक्षिण दिशा में खड़ा है। इस त्रिभुज का कर्ण ठीक ध्रुव की ओर

उज्जैन में वेधशाला

निर्देश करता है। दिल्ली का अक्षांश 28°39" है इसलिए यहां क्षितिज से ध्रुव तारे की ऊंचाई भी इतनी ही है।

इस त्रिभुज के दाएं-बाएं जो वृत्तांश बने हुए हैं वे खगोल के विषुववृत्त के समतल में हैं। इनपर किए गए चूने के पलस्तर पर सूक्ष्म विभाजक रेखाएं और अंक उकेरे हुए हैं। सुबह के सूरज की छाया—त्रिभुज की छाया—पश्चिम की ओर के वृत्तांश पर पड़ती है और मध्याह्न के बाद यही छाया पूर्व के ओर के वृत्तांश पर पड़ती है। वृत्तांशों पर पड़ी हुई इस छाया से सही-सही समय ज्ञात हो सकता है।

इस सम्राट-यंत्र की तलहटी में पहले षष्टांश नाम का एक यंत्र था। लेकिन अब इस यंत्र की तलहटी में पानी भर गया है।

सम्राट-यंत्र के दक्षिण में दो गोलार्ध है। इन्हीं का नाम जयप्रकाश-यंत्र है। दरअसल, यह एक ही यंत्र है। सुविधा के लिए इसे दो गोलार्धों में बांटा गया है। यह यंत्र एक प्रकार से खगोल का प्रतिरूप है। इस पर खगोल के ध्रुव, उन्नतांश, क्रांतिवृत्त आदि बड़ी सूक्ष्मता से खींचे गए हैं। इस यंत्र से नक्षत्रों की स्थिति ज्ञात की जाती थी।

जयप्रकाश-यंत्र के दक्षिण में वृत्ताकार दीवारों से घिरे हुए दो और यंत्र हैं। ये भी एक-दूसरे के पूरक हैं। यह राम-यंत्र है। इस यंत्र के बीच मे गोलाकार खंबे हैं। इनमें से एक यंत्र का इस्तेमाल दिन के समय सूर्य की आकाश में सही स्थिति जानने के लिए होता है और दूसरे यंत्र का इस्तेमाल रात के समय ग्रह-नक्षत्रों की स्थिति जानने के लिए होता है।

सम्राट-यंत्र के उत्तर में बाईं ओर मिश्र-यंत्र है। यह चार यंत्रों की संयुक्त योजना है। बीच में नियत-चक्र है, जिसके मध्य में बड़ा शंकु और दोनों ओर दो वृत्तार्ध है। यह यंत्र ग्रीनीच (इंग्लैंड), जूरिख़ (स्विट्ज़रलैंड), सेरिच्यू (प्रशांत महासागर) और नातके (जापान) नगरों के मध्याह्न समय बतलाता है। दोनों ओर के दो छोटे सम्राह-यंत्र दिल्ली का स्थानीय मान बतलाते हैं।

मिश्र-यंत्र की उत्तरी दीवार दक्षिण की ओर 5 अंश झुकी हुई है। इस दीवार पर एक विशाल अर्धवृत्त बना हुआ है जो कर्कराशि-वलय कहलाता है। यह वलय उस समय की सूचना देता है जब सूर्य कर्क-राशि में प्रवेश करता है।

यही है दिल्ली के जंतर-मंतर के ज्योतिष-यंत्र। अक्सर पूछा जाता है कि क्या आज इन यंत्रों की कोई उपयोगिता है? आज इन यंत्रों की कोई उपयोगिता नहीं है। इन विशाल यंत्रों से जो जानकारी मिल सकती है उससे कहीं अधिक सूक्ष्म जानकारी आज हमें कंपास, सेक्स्टैंट, थियोडोलाइट जैसे छोटे यंत्रों से मिल सकती है।

फिर भी इन पुराने ज्योतिष-यंत्रों का ऐतिहासिक महत्व है। ये हमें इनके निर्माता सवाई जयसिंह की याद दिलाते हैं। जयसिंह ने यूरोप में हुई ज्योतिषशास्त्र की प्रगति के बारे में जानकारी हासिल करने की खूब कोशिश की। उन्होंने पुर्तगाली विद्वानों को भी अपने दरबार में बुलाया और पुर्तगाल के राजा से भी अनुरोध किया कि वे यूरोप से कुछ विद्वान ज्योतिषियों को जयपुर भेजें। लेकिन उन्हें यूरोप के नए ज्योतिषज्ञान के बारे में नई जानकारी नहीं मिल पाई।

जयसिंह के करीब सौ साल पहले यूरोप में दूरबीन का आविष्कार हो चुका था। लेकिन जयसिंह को दूरबीन के बारे में किसी ने जानकारी नहीं दी। उन्हें यदि दूरबीन और यूरोप के नए ज्योतिष-सिद्धांतों के बारे में जानकारी मिलती, तो हमारे देश में आधुनिक ज्योतिष की नींव अठारहवीं सदी के पूर्वार्ध में ही पड़ चुकी होती।

परिशिष्ट-क

भारतीय विज्ञान से संबंधित प्रमुख तिथियां

नवपाषाण युग का आरंभ	लगभग दस हजार वर्ष पूर्व
ताम्रयुग की सिंधु सभ्यता	2500-1500 ई.पू.
भारत में आर्यों का आगमन	लग. 1500 ई.पू.
ऋग्वेद की रचना और लौहयुग का आरंभ	लग. 1200 ई.पू.
शुल्व सूत्र और वेदांग-ज्योतिष की रचना	ईसा पूर्व पांचवीं-छठी सदी
गौतम बुद्ध	563-483 ई.पू.
कौमारमृत्य जीवक	बुद्ध के समकालीन चिकित्सक
सिकंदर का हमला	326 ई.पू.
सम्राट अशोक का शासनकाल	272-232 ईॠ पू.
विक्रम-संवत् का आरंभ	57 ई.पू.
शक-संवत् का आरंभ	78 ई.
बौद्ध दार्शनिक नागार्जुन	ईसा की दूसरी सदी
चरक-संहिता की रचना	ईसा की दूसरी सदी
सुश्रुत-संहिता की रचना	ईसा की दूसरी सदी
विलुप्त सौर, वाशिष्ट, पैतामह, रोमक व पौलिश सिद्धांतों की रचना	ईसा की आरंभिक सदियों में
मेहरौली (दिल्ली) के लौहस्तंभ का निर्माण	लग. 400 ई.
आर्यभट का जन्म	476 ई.
आर्यभट की रचना	499 ई.

वराहमिहिर के पंचसिद्धांतिका ग्रंथ की रचना	505 ई.
ब्रह्मगुप्त का जन्म	598 ई.
ब्राह्मस्फुट-सिद्धांत की रचना	628 ई.
महावीराचार्य	ईसा की नौवीं सदी
आयुर्वेदाचार्य वाग्भट	ईसा की आठवीं नौवीं सदी
सिद्ध नागार्जुन	ईसा की आठवीं सदी
भट्टोत्पल	ईसा की दसवीं सदी
अल्बेरूनी	973-1043 ई.
भास्कराचार्य का जन्म	1114 ई.
सिद्धांतशिरोमणि की रचना	1150 ई.
महाराजा सवाई जयसिंह द्वितीय	1686-1743 ई.

परिशिष्ट-ख

हिंदी-अंग्रेजी पारिभाषिक शब्दावली

अंकगणित	Arithmetic
अंक-पद्धति	Numeral System
अंक-संकेत	Numeral
अक्षरांक	Letter numerals
अनंत	Infinity
अनुपात	Ratio
अपरिमेय संख्या	Irrational Number
अयस्क, कच्ची धातु	Ore
अवकलन गणित	Differential Calculus
इस्पात	Steel
उद्यान-विज्ञान, बागवानी	Horticulture
एस्ट्रोलेब	Astrolabe
कबीलाई	Tribal
कलन गणित	Calculus
कांसा, कांस्य	Bronze
कीमियागर	Alchemist
कीमियागरी	Alchemy
कृषिकर्म	Agriculture
क्रमचय	Permutation
गणक-यंत्र, संगणक	Computer
गणितज्ञ	Mathematician
गणित-ज्योतिष	Astronomy

गणित-ज्योतिषी	Astronomer
गुणांक	Factor
चिकित्सक, वैद्य आयुर्वेदाचार्य	Physician
चिकित्साशास्त्र	Medicine, Medical Science
जीवा	Chord
जैव रसायन	Biochemistry
ज्या	Sine (Sin)
ज्योतिष, खगोल-विज्ञान	Astronomy
ज्योतिष, खगोलविद	Astronomer
ज्योतिर्भौतिकी	Astro-physics
टीका	Commentary
ढलवां लोहा	Cast Iron
ढलाई घर	Foundry
तकनीक	Technique
तकनीकी	Technology
ताम्रयुग	Copper Age
त्रिकोणमिति	Trigonometry
दशमिक	Decimal
दीर्घवृत्त	Ellipse
धातुकर्म	Metallurgy
धूमकेतु	Comet
नक्षत्र-मंडल	Constalation
नवपाषाण युग	Neolithic Age
पंचांग	Calendar, Almanac
परमाणु-ऊर्जा	Atomic Energy
पाटीगणित	Arithmetic
पारा, पारद,	Mercury
पाषाण युग	Stone Age
पिटवां लोहा	Wrought Iron
प्लास्टिक सर्जरी	Plastic Surgery

फलित ज्योतिष	Astrology
फलित ज्योतिषी	Astrologer
बांट	Weight
बीजगणित	Algebra
भारतीय अंतर्राष्ट्रीय अंक	Indian International Numerals
मावचित्र	Ideogram
भौतिकवाद	Materialism
भौतिकी	Physics
महापाषाण संस्कृति	Megalithic Culture
मूल्य, मान	Value
रसायन	Chemistry
रेखागणित, ज्यामिति	Geometry
लौहयुग	Iron Age
लौह-स्तंभ	Iron Pillar
वनस्पति-विज्ञान	Botany
वात भट्ठी	Blast Furnace
विकास	Development, Evolution
विज्ञान	Science
वेधयंत्र	Astronomical Instrument
वेधशाला	Observatory
वैज्ञानिक	Scientist
वृक्षायुर्वेद	Science of Plants, Botany
शल्य-चिकित्सा	Surgery
शब्दांक	Word Numerals
शवच्छेदन	Vivisection
शांकव गणित	Conic Sections
संख्या-सिद्धांत	Number Theory
संकेत	Symbol
संचय	Combination
संस्कृति	Culture

सन्निकट मान	Approximate value
सभ्यता	Civilization
समाकलन	Integral Calculus
स्थानमान	Place Value
साइन, ज्या	Sin (Sine)
सीमा, सीमांत	Limiti, Limiting value
सौर-पंचांग	Solar Calendar
स्थानमान पद्धति	Place Value System
स्थापत्य, वास्तुशिल्प	Architecture
हस्तलिपि	Hand written book

●●●